优质高等职业院校建设项目校企联合开发教材

滴灌系统施工与运行管理

陈　俊　艾合买提·肉孜　主编

中国农业大学出版社
·北京·

内容简介

本书为优质高等职业院校建设项目校企联合开发教材。全书共九章，主要包括滴灌系统的组成与分类、滴灌施工前准备、首部工程施工、输水管网施工、灌水器安装、滴灌系统的运行、滴灌工程项目建设招标投标、滴灌工程项目验收、国内节水滴灌系统运行管理的现状及特点等内容。

本书可作为高等职业院校水利学科农业水利工程专业和其他相关专业的教学用书，也可作为从事节水滴灌推广服务人员的参考书。

图书在版编目(CIP)数据

滴灌系统施工与运行管理/陈俊，艾合买提·肉孜主编. —北京：中国农业大学出版社，2016.11

ISBN 978-7-5655-1728-0

Ⅰ.①滴…　Ⅱ.①陈…　②艾…　Ⅲ.①滴灌系统-灌溉管理　Ⅳ.①S275.6

中国版本图书馆CIP数据核字(2016)第272510号

书　名　滴灌系统施工与运行管理
作　者　陈　俊　艾合买提·肉孜　主编

策划编辑　姚慧敏　　**责任编辑**　洪重光
封面设计　郑　川　　**责任校对**　王晓凤
出版发行　中国农业大学出版社
社　址　北京市海淀区圆明园西路2号　　**邮政编码**　100193
电　话　发行部 010-62818525,8625　　读者服务部 010-62732336
编辑部 010-62732617,2618　　出　版　部 010-62733440
网　址　http://www.cau.edu.cn/caup　　**E-mail** cbsszs@cau.edu.cn
经　销　新华书店
印　刷　涿州市星河印刷有限公司
版　次　2017年1月第1版　2017年1月第1次印刷
规　格　787×1 092　16开本　12印张　290千字
定　价　26.00元

编 委 会

编 写 人 员

主　编　陈　俊　艾合买提·肉孜

副主编　薛世柱　杨晓军　白安龙　杨开文

参　编　（按姓氏音序排列）

李英锋　渠　晔　刘积林

杨　锋　魏晓军　张大勇

前　言

本书是校企联合开发的高等职业院校教材，立足新疆及全国推广节水滴灌技术需要，在注重理论的基础上，系统性地突出了实用性。本书可作为高等职业院校水利学科农业水利工程专业和其他相关专业的教学用书，也可供从事节水滴灌技术推广服务人员参考。

全书共九章，第一章为滴灌系统的组成与分类，第二章为滴灌施工前准备，由国家节水灌溉工程技术研究中心(新疆)杨开文、新疆农业职业技术学院艾合买提·肉孜编写；第三章为首部工程施工，第七章为滴灌工程项目建设招标、投标，第八章为滴灌工程项目验收，由新疆天业节水灌溉股份有限公司薛世柱、新疆农业职业技术学院杨晓军编写；第四章为输水管网施工，第五章为灌水器安装，由国家节水灌溉工程技术研究中心(新疆)魏晓军、新疆天业节水灌溉股份有限公司陈俊编写；第六章为滴灌系统的运行，由国家节水灌溉工程技术研究中心(新疆)张大勇、新疆农业职业技术学院杨晓军编写，第九章为国内节水滴灌系统运行管理的现状及特点，由国家节水灌溉工程技术研究中心(新疆)白安龙编写。本书前言及内容简介由新疆天业节水灌溉股份有限公司薛世柱、国家节水灌溉工程技术研究中心(新疆)白安龙编写。全书由陈俊、艾合买提·肉孜担任主编，并负责通稿。薛世柱、杨晓军、白安龙、杨开文为本书副主编。

全书由多位从事滴灌工程项目建设的人员集体完成。本书详细介绍了滴灌工程施工安装、运行维护、招投标建设及项目验收等内容，并总结了目前成型的滴灌系统管理模式，可引导滴灌技术在各地区因地制宜又快又好的发展。

本书引用了大量国内外研究成果及实物图片，参考了许多已经出版的相关著作和教材，在编写过程中得到新疆天业(集团)有限公司、国家节水灌溉工程技术研究中心(新疆)、新疆天业节水灌溉股份有限公司和新疆农业职业技术学院的大力支持，在此一并表示诚挚的谢意。

由于编者编写水平所限，加之滴灌技术在使用和探索过程中，不断推出新产品、新技术，书中难免有不妥之处，恳请广大师生、从事滴灌技术相关人员以及各位读者批评指正。

编　者

2016 年 12 月

目　录

第一章　滴灌系统的组成与分类

滴灌简介：滴灌是滴水灌溉的简称。它是20世纪60年代塑料工业兴起以后发展起来的一种机械化、自动化灌水新技术，是高度控制土壤水分、营养、盐量及病虫等条件种植大田作物、蔬菜、瓜果等的一种精准灌溉技术。滴灌技术集现代农业、高分子材料与加工、精密机械制造、自动化等技术于一体。它的基本原理是：将有压水过滤，必要时连同可溶性肥料（或农药）一起，通过管路系统输送至滴头，以水滴形式，适时适量地向作物根系供应水分和养分。滴灌不仅是一种在缺水、蒸发强烈地区有效利用水资源的灌水方式，而且是现代化精准农业（精准灌溉）的一种主要技术措施。

膜下滴灌简介：膜下滴灌是在滴灌技术和覆膜种植技术基础上，形成的一种特别适用于机械化大田作物栽培的新型田间灌溉方法。1995年开始，新疆生产建设兵团农八师结合新疆干旱地区的气候、大田作物种植特点，开展滴灌技术试验研究；1996—1998年，开展不同土壤条件下、不同作物覆膜栽培试验，获得成功，形成大田膜下滴灌这一新的技术体系。自1999年，膜下滴灌技术开始在全兵团大面积推广，到2000年新疆建设兵团试验和示范面积达20万亩，2002年新疆建设兵团膜下滴灌技术已经推广到170万亩。2015年，新疆建设兵团以膜下滴灌为代表的高效节水灌溉面积达到1 560万亩，占兵团总灌溉的70.9%。膜下滴灌技术是最为先进的灌水方法之一，已经推广应用到棉花、小麦、玉米、水稻和蔬菜、花卉、果树及温室作物等。

第一节　滴灌系统的组成

滴灌系统一般由水源工程、首部控制枢纽、输配水管网和灌水器四部分组成，如图1-1所示。

一、水源工程

河流、湖泊、水库、塘堰、沟渠、井泉等，只要水质符合滴灌要求，均可作为滴灌的水源。为了利用各种水源进行灌溉，往往需要修建引水、蓄水、提水工程，以及相应的输配电工程；当以含泥沙量较多的河渠为水源时，还应修建沉沙池工程等，这些通称为水源工程（图1-2）。

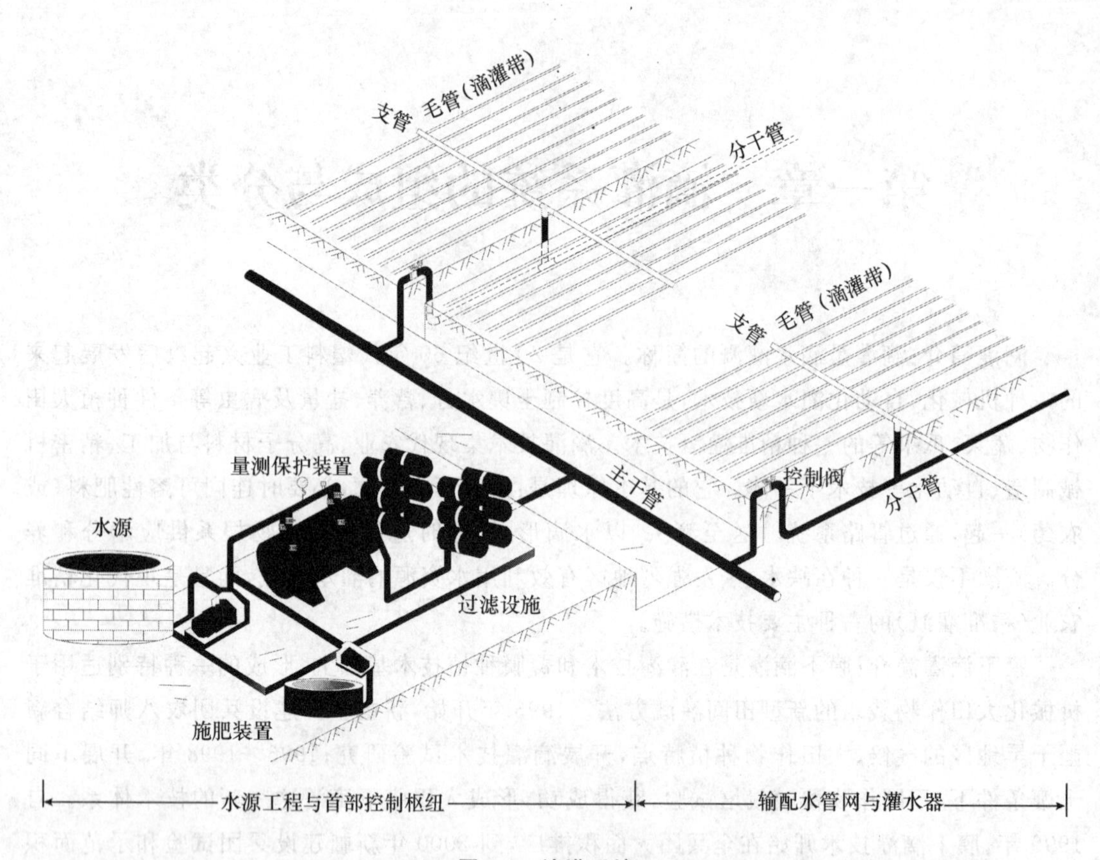

图 1-1　滴灌系统

(a) 井水　(b) 渠道

(c) 水库　(d) 沉淀池

图 1-2　各种类型水源工程

二、首部控制枢纽

滴灌工程的首部控制枢纽通常由水泵及动力机、控制设备、施肥装置、水过滤净化装置、测量和保护设备等组成(见图 1-1)。其作用是从水源抽水加压,施入肥料液,经过滤后按时按量送进管网。首部控制枢纽是全系统的控制调度中心。

(一)水泵及动力机

滴灌工程常用的农用离心泵多为电机与水泵一体。潜水泵为多级泵,主要用于从机井、土井或水库等处提水。离心泵有单级单吸离心泵、单级双吸离心泵、多级离心泵、自吸离心泵,也有根据滴灌工程需要,组合电动机泵和柴油机泵等。

水泵的作用是将水流加压至系统所需压力并将其输送到输水管网。滴灌系统所需要的水泵型号根据滴灌系统的设计流量和系统总扬程确定。当水源为河流和水库,且水质较差时,需建沉淀池,一般选用离心泵。水源为机井时,一般选用潜水泵。滴灌系统常用水泵如图 1-3 所示。

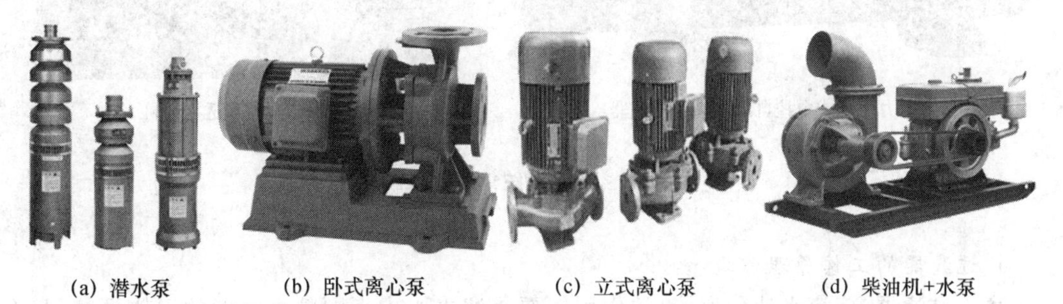

(a) 潜水泵　(b) 卧式离心泵　(c) 立式离心泵　(d) 柴油机+水泵

图 1-3　滴灌系统常用水泵

(二)滴灌过滤设备

过滤设备是将水流过滤,防止各种污物进入滴灌系统通过管网到田间堵塞滴头或在系统管网中形成沉淀。常见过滤设备有离心过滤器、砂石过滤器、网式过滤器、叠片过滤器等(图 1-4)。

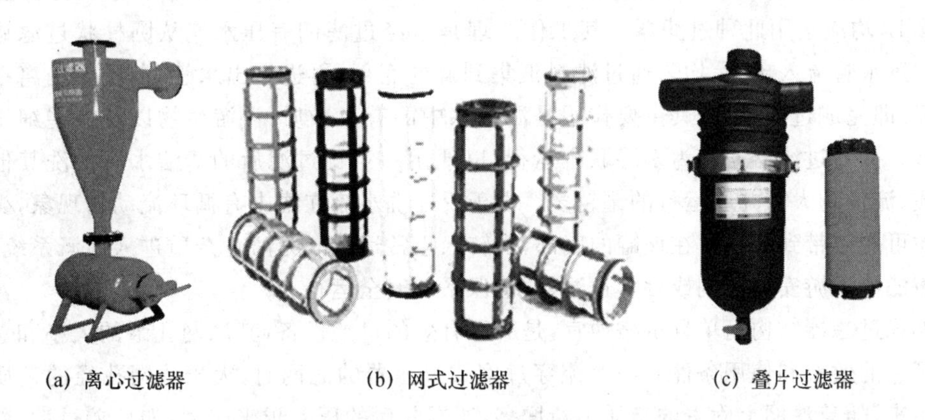

(a) 离心过滤器　(b) 网式过滤器　(c) 叠片过滤器

图 1-4　常用过滤设备

各种过滤器可以在首部控制枢纽中单独使用,也可以根据水源水质情况组合使用。常用组合过滤设备如图 1-5(a)、(b)、(c)所示,新型过滤设备如图 1-5(d)、(e)所示。

(a) 离心+网式过滤器　(b) 砂石+网式过滤器　(c) 自动反冲洗叠片组合过滤器

(d) 水力驱动或电控自清洗网式过滤器　(e) 泵前渗透微滤机

图 1-5　滴灌系统常用过滤器

1. 过滤器的工作原理

离心过滤器(旋流水沙分离器)的作用主要是滤去水中大颗粒高密度的固体颗粒,只有在其工作流量范围内,才能体现出应有的水质净化效果,流量变化较大的灌溉系统不宜使用。正常运行时,如流量稳定,其水头损失也恒定,一般在 3.5～7.7 m 范围内,而在此范围以外将不能有效分离水中杂质。若水头损失小于 3.5 m,说明流量太小而难以形成足够的离心力,将不能有效分离出水中的杂质。对于有机物或密度与水接近的杂质,使用这种过滤器效果很差。

砂石过滤器处理水中的有机杂质与无机杂质都非常有效,只要水中有机物含量超过 10 mg/L,均应选用此种过滤器。其工作原理是未经过滤的有压水流从圆柱状过滤罐壳体上部的进水管流入罐中,均匀通过滤料汇集到罐的底部,再进入出水管,杂质被隔离在滤料层上面,即完成过滤过程;其主要作用是滤除水中的有机杂质、浮游生物以及一些细小颗粒的泥沙。砂石过滤器通常为多罐联合运行,以便用一组罐过滤后的清洁水反冲洗其他罐中的杂质,流量越大需并联运行的罐越多。由于反冲洗水流在罐中有循环流动的现象,少量细小杂质可能被带到并残留在该罐的底部,当转入正常运行时为防止杂质进入灌溉系统,应在砂石过滤器下游安装筛网或叠片过滤器,确保系统安全运行。

网式过滤器结构简单且价格便宜,是一种有效的过滤设备,其滤网孔眼的大小和总面积决定了它的效率和使用条件。当水流穿过网式过滤器的滤网时,大于滤网孔径的杂质将被拦截下来,随着滤网上附着的杂质不断增多,滤网前后的压差越来越大,如压差过大,网孔受压扩张将使一些杂质"挤"过滤网进入灌溉系统,甚至致使滤网破裂。因此,当压差达到一定值就要冲洗滤网或者采用定时冲洗滤网的办法，确保滤网前后压差在允许的范围内。网式过滤器有手动和自动冲洗之分，自动冲洗网式过滤器是利用过滤器前后压差值达到预设值时控制器将信号传给电磁阀或用定时控制器每隔一段时间启动电磁阀，完成自动冲洗过程。所有网式过滤器均应通过设计，提出一般水质条件下的最大过流量指标。网式过滤器的过滤精度常被定义为“目数”，可按式(1-1)计算。

$$M=\frac{1}{D+a} \tag{1-1}$$

式中：M——筛网目数，目；

D——网丝直径，in(英寸，1 in＝2.54 cm)；

a——网孔的净边长，in。

由式(1-1)可见，相同目数的筛网，可能因网丝直径的不同，网孔直径尺寸差异很大。因此应以网孔基本尺寸作为选择过滤器的依据。

叠片过滤器由大量很薄的圆形叠片重叠起来，并锁紧形成一个圆柱形滤芯，每个圆形叠片一面分布着许多S形滤槽，另一面为大量的同心环形滤槽，水流通过滤槽时将杂质滤出。这些槽的尺寸不同，过流能力和过滤精度也不同。叠片过滤器单位滤槽表面积过流量范围为1.2～19.4 L/(h·cm²)，过流量的大小受水质、水中有机物含量和允许压差等因素的影响，厂家除了给出滤槽表面积外还应给出滤槽的体积。叠片过滤器的过滤能力也以目数表示[但不能用式(1-1)计算，这里的“目”只是个等价概念]，一般在40～400目之间，不同目数的叠片制作成不同的颜色加以区分。手动冲洗叠片过滤器时，可将滤芯拆下并松开压紧螺母，用水冲洗即可。自动冲洗叠片过滤器时叠片必须能自动松散，否则叠片粘在一起，不易冲洗干净。

水力驱动(电控)自清洗网式过滤器，即负压自吸式清洗过滤器，就是常见的管道式自动反冲过滤器，或者叫管道式自清洗过滤器，如图1-6所示。

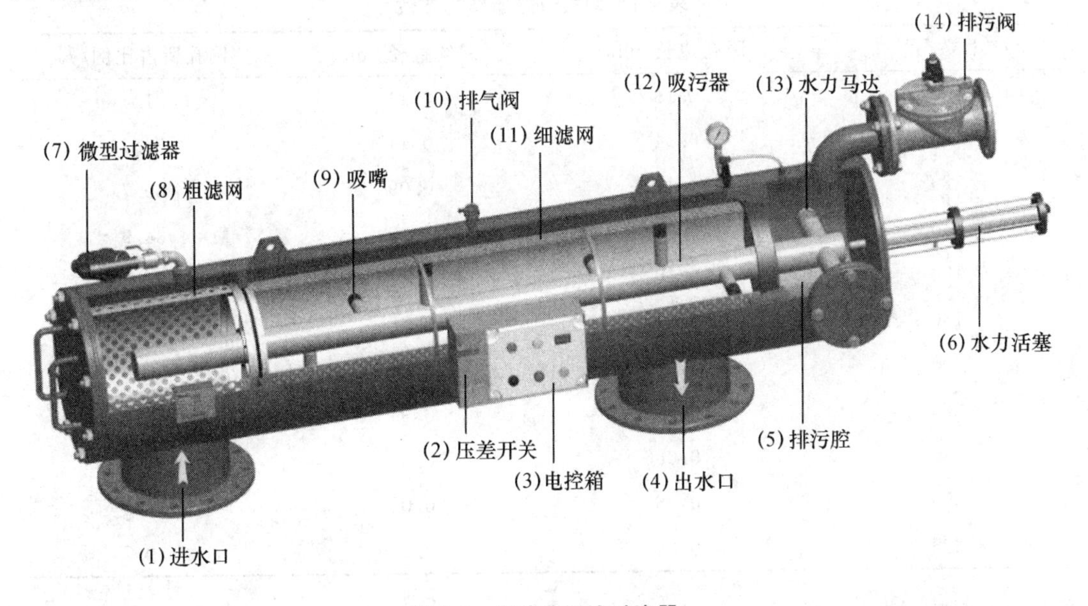

图1-6 自清洗网式过滤器

负压自吸式过滤器的清洗原理是：原水从进水口(1)进入，经粗滤网(8)粗过滤后水体进入细滤网(11)作精密过滤，在过滤过程中，细滤网(11)内表面会拦截杂质，不断拦截的杂质污物在细滤网内阻碍水的流动，逐渐会在滤网内外形成一个压力差别，当这压力差别达到压差开关(2)的设定值时，压差开关动作，由电控箱(3)内的 PLC 程序控制器输出指令，排污阀(14)和水力活塞(6)打开，联通排污阀的排污腔(5)压力急剧下降，水力马达(13)在水力作用下旋转，连接吸污器(12)的吸嘴(9)产生相对于系统压力的负压，由于吸嘴紧靠细滤网内壁，在吸嘴处产生强大吸力，由此吸力可以吸取附着在滤网上的杂质污物，使滤网得到清洗。在清洗的过程中，水力马达带动吸污器旋转，而水力活塞作轴向运动，两个运动的组合，使吸嘴螺旋扫描细滤网的整个内表面。一个自清过程可保证细滤网得到全面清洗，整个清洗过程很短，时间在 15 s 左右，在清洗滤网的过程中，过滤器仍继续过滤，清洗完成后排污阀关闭，活塞推动吸污器复位，一个自清洗过程完成。

泵前渗透微滤机是将微滤机设备架设在两个平行浮筒上，浮筒的大小根据微滤机过流量的大小选定，将设备浮动在水面上，罐体顶部滤网置于水面以上，如图 1-5(e)所示，利用微滤机罐体大面积筛网作为过水断面进水，进水管置于微滤机轴心与离心泵进水口连接，水泵工作时，水流从多角度进入滤网罐体，在罐体外表面将集聚微生物或悬浮物等杂质，滤网罐体靠减速机链条带动以轴心旋转，整个滤网可以充分利用，罐体滤网表面黏附杂质随滤网旋转至水面处，利用置于滤网罐体中高压喷头将黏附在罐体外表面的杂质反冲入收污筒人工清理。这种设备易于安装，对水源位置要求不高，对水质较差的农用灌溉水如池塘、涝坝效果较好。

2.过滤器的目数与滤料直径及规格对应关系

过滤器的过滤精度，对网式和叠片式过滤器，指反映其过滤效果的过滤器目数；对砂石过滤器的过滤目数，指反映其过滤效果的最小砂石和滤料的粒径。常见过滤器的结构参数和滤料参数如表 1-1，表 1-2 所示。

表 1-1　网式过滤器结构参数

目数/目	网孔边长/mm	网丝直径/mm	网孔所占比例/%
80	0.18	0.14	31.4
100	0.14	0.11	30.3
120	0.12	0.09	30.7
140	0.11	0.08	34.9
150	0.10	0.07	37.4
180	0.08	0.06	34.7
200	0.073	0.05	33.6
220	0.07	0.043	38.7
240	0.066	0.04	38.3
250	0.06	0.04	36.0
325	0.04	0.036	30.7

表 1-2　滤料规格与过滤目数的对应关系

滤料标号	平均有效粒径/mm	滤料材质	过滤目数/目
8#	1.5	花岗岩	100～140
11#	0.78	花岗岩	100～140
16#	0.7	石英砂	100～140
20#	0.47	石英砂	100～140

3. 常见过滤器规格

现将常用的过滤器技术规格摘录如下，见表 1-3 至表 1-11。

表 1-3　砂石过滤器技术规格

项目	规格型号				
	SS-50	SS-80	SS-100	SS-125	SS-150
罐体直径/mm	500	750	900	1 200	1 500
连接方式	Dg50 锥管螺纹	Dg80 法兰	Dg100 法兰	Dg125 法兰	Dg150 法兰
流量/(m^3/h)	8～15	15～30	30～40	40～80	80～130
进出口内径/mm	50	80	100	125	150
进出口流速/(m^3/s)	1.13～2.13	0.83～1.66	1.06～1.42	0.9～1.81	1.26～2.04
灌溉面积/亩	36～68	136～273	273～364	364～727	727～1 182

注：表中 SS-50 为单罐运行，其余为双罐运行。

表 1-4　离心过滤器技术规格

项目	规格型号					
	LX-25	LX-50	LX-80	LX-100	LX-125	LX-150
外形尺寸/mm	420×250×550	500×300×830	800×500×1 320	950×600×1 700	1 350×1 000×2 400	1 400×1 000×2 600
流量/(m^3/h)	1～8	5～20	10～40	30～70	60～120	80～160
连接方式	Dg25 锥管螺纹	Dg50 锥管螺纹	Dg80 法兰	Dg100 法兰	Dg150 法兰	Dg150 法兰
重量/kg	9	21	51	90	180	225

表 1-5　网式过滤器技术规格

项目	规格型号		
	WS-160×50	WS-160×80	WS-200×100
罐体直径/mm	160	160	200
连接方式	Dg50 锥管螺纹	Dg80 法兰	Dg110 法兰
流量/(m^3/h)	5～20	10～40	20～80
进出口直径/mm	50	80	100

表 1-6　叠片式过滤器叠片技术规格

叠片颜色	滤芯目数	过滤砂径	
		μm	mm
白色	18	800	0.8
蓝色	40	400	0.4
黄色	80	200	0.2
红色	120	130	0.13
黑色	140	115	0.12
绿色	200	75	0.08
灰色	600	25	0.025

表 1-7　新疆天业组合过滤系统技术参数

	规格型号	级别	类型	件数	流量/(m³/h)	外形尺寸/mm
离心+筛网	LWS-200	第一级	LX-720×200×100	1	180～240	1 760×1 200×2 995
		第二级	WS-200×100	4		
	LWS-150	第一级	LX-530×150×100	1	80～180	1 560×900×2 500
		第二级	WS-200×100	3		
	LWS-100	第一级	LX-400×100×80	1	30～80	1 260×600×1 950
		第二级	WS-160×80	2		
	LWS-80	第一级	LX-250×80×80	1	10～40	1 150×250×1 330
		第二级	WS-160×80	1		
	LWS-50	第一级	LX-200×50×50	1	5～20	1 090×200×1 300
		第二级	WS-160×50	1		

表 1-8　离心、砂石组合过滤器技术参数

规格型号	流量/(m³/h)	罐体直径/mm	进出口直径/mm	灌溉面积/hm²
LS-100	38～76	420	100	23.3～46.7

表 1-9　自清洗网式过滤器 WF 系列、EF 系列、HF 系列技术参数

产品型号	公称直径		滤网面积/	标称流量/	反洗耗水量	
	英寸(″)	mm	cm²	(m³/h)	m³/h	L/次
WF504Lπ/EF504Lπ/HF504Lπ	4	DN100	7 400	100	24	＜160
WF506Lπ/EF506Lπ/HF506Lπ	6	DN150	7 400	150	24	＜160
WF508Lπ/EF508Lπ/HF508Lπ	8	DN200	9 250	200	36	＜160
WF510Lπ/EF510Lπ/HF510Lπ	10	DN250	9 250	300	36	＜160
WF512Lπ/EF512Lπ/HF512Lπ	12	DN300	9 250	400	36	＜160
WF514Lπ/EF514Lπ/HF514Lπ	14	DN350	11 840	500	36	＜160
WF516Lπ/EF516Lπ/HF516Lπ	16	DN400	12 800	600	36	＜160

注：标称流量基于 200 μm 精度，农业非地下水水质条件。″为英寸，1″≈2.54 cm，后同。

表 1-10 SF 系列微滤机规格参数

项目	规格型号			
	SF-125	SF-150	SF-200	SF250
120 μm 时参考流量/(m^3/h)	80～120	120～160	160～200	200～250
系统配管	DN125	DN150	DN200	DN250
外形尺寸/mm	1 650×1 200×800	1 750×1 400×900	2 500×1 800×1 300	2 500×1 800×1 300
设备重量/kg	70	80	150	165
电驱动型/W	120	120	120	120
高压反冲洗/kW（选配）	1.1	1.1	1.1	1.1
	当系统主泵压力高于 0.35 MPa 时，必须选配辅助高压反冲洗			

表 1-11 常用自冲洗过滤器规格性能

型号	工作压力/MPa	最大流量/(m^3/h)	接口尺寸/(″)	类型	生产厂家
M102C	0.2～1.0	25	2	网式	以色列 FILTOMAT
M103C	0.2～1.0	40	3	网式	以色列 FILTOMAT
M103CL	0.2～1.0	40	3	网式	以色列 FILTOMAT
M104C	0.2～1.0	80	4	网式	以色列 FILTOMAT
M104LP	0.2～1.0	100	4	网式	以色列 FILTOMAT
M104XLP	0.2～1.0	180	6	网式	以色列 FILTOMAT
M106XLP	0.2～1.0	120	6	网式	以色列 FILTOMAT
M108LP	0.2～1.0	320	8	网式	以色列 FILTOMAT
M110P	0.2～1.0	400	10	网式	以色列 FILTOMAT
B2、BE2	0.28～1.0	30	2	网式	以色列 ARKAL
B2S、BE2S	0.28～1.0	30	2	网式	以色列 ARKAL
B3、BE3		40	3	网式	以色列 ARKAL
B3S、BE3S		50	3	网式	以色列 ARKAL
B4、BE4		80	4	网式	以色列 ARKAL
B4S、BE4S		90	4	网式	以色列 ARKAL
B6、BE6		130	6	网式	以色列 ARKAL
B8、BE8		200	8	网式	以色列 ARKAL
HL3/E3/SE3		50	3	网式	以色列 ARKAL
HL4/E4/SE4		100//80	4	网式	以色列 ARKAL
HL6/E6/SE6		150//180	6	网式	以色列 ARKAL
HX6/EX6		160	6	网式	以色列 ARKAL
HL8/EL8/SE8		300/350	8	网式	以色列 ARKAL

续表 1-11

型号	工作压力/MPa	最大流量/(m^3/h)	接口尺寸/(″)	类型	生产厂家
HL10/E10/SE10		400//450	10	网式	以色列 ARKAL
H12/SE12		600/600	12	网式	以色列 ARKAL
H14/SE14		900/850	14	网式	以色列 ARKAL
H16/SE16		1 100	16	网式	以色列 ARKAL
HX16		1 500	16	网式	以色列 ARKAL
SA4L/6L/8L		80/160/300	4/6/8	网式	以色列 ARKAL
SA101L/121L/141L		500/500/1 000	10/12/14	网式	以色列 ARKAL
202/3VE		40	3	叠片式	西班牙阿速德公司
203/3VE		60	3	叠片式	西班牙阿速德公司
204/4VE		80	4	叠片式	西班牙阿速德公司
302/4VE		60	4	叠片式	西班牙阿速德公司
303/4VE		90	4	叠片式	西班牙阿速德公司
304/6VE		120	6	叠片式	西班牙阿速德公司
305/6VE		150	6	叠片式	西班牙阿速德公司
306/6VE		180	6	叠片式	西班牙阿速德公司
307/6VE		210	6	叠片式	西班牙阿速德公司
308/8FE		240	8	叠片式	西班牙阿速德公司
309-0PLUS		270	8	叠片式	西班牙阿速德公司
312-0PLUS		360	10	叠片式	西班牙阿速德公司
315-0PLUS		450	10	叠片式	西班牙阿速德公司
318-0PLUS		540	12	叠片式	西班牙阿速德公司
321-0PLUS		630	12	叠片式	西班牙阿速德公司
324-0PLUS		720	12	叠片式	西班牙阿速德公司
327-0PLUS		810	14	叠片式	西班牙阿速德公司
330-0PLUS		900	16	叠片式	西班牙阿速德公司

(三)施肥设备与装置

施肥设备与装置作用是使易溶于水并适于根施的肥料、农药、化控药品等在施肥罐内充分溶解,然后再通过滴灌系统输送到作物根部。

随水施肥是滴灌系统的一大功能。对于小型滴灌系统,当直接从专用蓄水池中取水时,可将肥料溶于蓄水池再通过水泵随灌溉水一起送入管道系统。用水池施肥方法简便,用量准确均匀,同时建池容易,易于为广大农民群众所掌握。

当直接取水于有压给水管路、水库、灌排水渠道、人畜饮水蓄水池或水井时,则需加设施肥装置。通过施肥装置将肥料或农药溶解后注入管道系统随水滴入土壤中。向管道系统注入肥料的方法有三种:压差原理法、泵注法和文丘里法。

滴灌系统中常用的施肥设备有以下三种:压差式施肥罐、文丘里施肥装置和注肥泵(图1-7)。

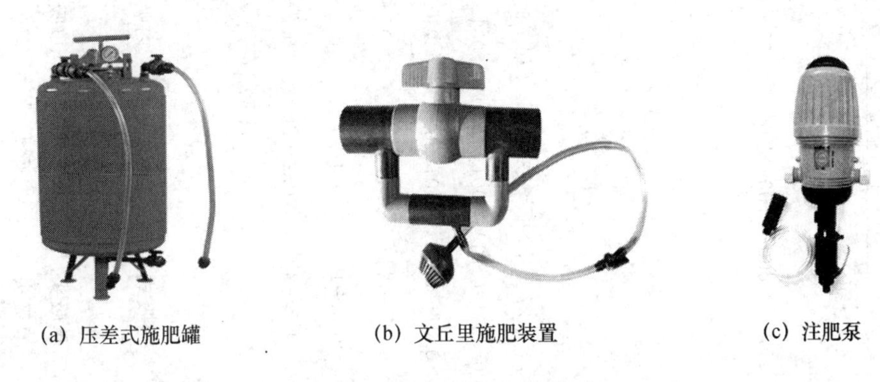

(a) 压差式施肥罐　　(b) 文丘里施肥装置　　(c) 注肥泵

图 1-7　滴灌系统常用施肥装置

1. 压差式施肥罐

压差式施肥罐一般并联在灌溉系统主供水管的控制阀门上[图 1-7(a)]。施肥前将肥料装入肥料罐并封好,关小控制阀,造成施肥罐前后有一定压差,使水流经过密封的施肥罐,就可以将肥料溶液添加到灌溉系统进行施肥。压差式施肥器施肥时压力损失较小且投资不大,应用较为普遍,其不足之处是施肥浓度无法控制,施肥均匀度低,且向施肥罐装入肥料较为费事。

2. 文丘里施肥器

文丘里施肥器利用水流流经突然缩小的过流断面流速加大而产生的负压将肥水从敞口的肥料桶中均匀吸入管道中进行施肥。文丘里施肥器具有安装使用方便、投资低廉的优点,缺点是通过流量小且灌溉水的动力损失较大,一般只用于小面积的微灌系统中。文丘里施肥器可直接并联在灌溉系统供水管道上进行施肥。为增加其系统的流量,通常将文丘里施肥器与灌溉系统主供水管的控制阀门并联安装[图 1-7(b)],使用时将控制阀门关小,造成控制阀门前后有一定的压差就可以进行施肥。

3. 注肥泵

注肥泵是将开敞式肥料罐的肥料溶液注入滴灌系统中,通常使用活塞泵或隔膜泵向滴灌系统注入肥料溶液。根据驱动水泵的动力来源又可分为水力驱动和机械驱动两种。

水动注肥泵直接利用灌溉系统的水动力来驱动装置中的柱塞,将肥液添加到灌溉系统中进行施肥[图 1-7(c)]。水动注肥泵一般并联在灌溉系统主供水管上,施肥时将主控制阀门关闭,使水流全部流过水动注肥泵,通过注肥管的吸肥管将肥料从敞开的肥液桶中吸入管道。

水动注肥泵施肥工作所产生的供水压力损失很小,也能够根据灌溉水量大小调节肥水吸入量,使灌溉系统能够实现按比例施肥。水动注肥泵安装使用简单方便,已成为现代温室微灌系统中最受欢迎的一种施肥装置,但水动注肥泵技术含量高、结构复杂、投资较高,目前还没有国产成熟产品,基本依靠进口。表 1-12 为德国 MSR 系列水动注肥泵规格性能,表 1-13 为美国 Dosmatic 系列水动注肥泵规格性能。

表 1-12　德国 MSR 系列水动注肥泵规格性能

项目	型号									
	H301G	H302G	H305G	H306G	H308G	H312G	H325G	RotaDos50	RotaDos120	RotaDos200
流量/(m^3/h)	0.03～0.75	0.05～2.0	0.5～5.0	0.35～5.5	0.5～8.0	0.7～12	1.0～25	4～50	8～120	10～200
工作压力/kPa	100～1 000	100～1 000	100～1 000	100～1 000	100～1 000	100～1 000	100～1 000	500～1 000	500～1 000	500～1 000
最大吸入高度/m	3～6	3～6	3～6	6	6	6	6	4	4	4
接口尺寸/(″)	3/4	1	1	1	1～1/4	1～1/2	2	2～1/2(2)	4(3)	5(4)
质量/kg	2	3	2	9	15	23	39	27	39	58
吸入比例/%	0.02～0.25 0.1～1 0.3～3 0.5～5 1～10	0.01～0.12 0.1～0.5 0.1～1 0.2～2 0.3～3 0.5～5 1～10	0.002 5～0.05 0.1～0.25 0.1～0.5 0.2～0.75 0.3～1	0.005～0.05 0.01～0.1 0.1～1 0.2～2 0.3～3 0.5～5 1～10	0.005～0.05 0.01～0.1 0.1～1 0.2～2 0.3～3 0.5～5 1～10	0.005～0.05 0.01～0.1 0.1～1 0.2～2 0.3～3 0.5～5 1～10	0.005～0.05 0.01～0.1 0.1～1 0.2～2 0.3～3 0.5～5 1～10	0.001～0.01 0.01～0.1 0.05～0.5 0.1～1 0.2～2	0.001～0.01 0.01～0.1 0.05～0.5 0.1～1 0.2～2	0.001～0.01 0.01～0.1 0.05～0.5 0.1～1 0.2～2
可选吸入方式	内吸式 外吸式	内吸式 外吸式	内吸式 外吸式	内吸式 外吸式	内吸式 外吸式	内吸式 外吸式	内吸式 外吸式	内吸式	内吸式	内吸式
可选吸头数量	单吸头 双吸头	单吸头 双吸头	单吸头	单吸头 双吸头	单吸头 2～4 吸头	单吸头 2～4 吸头	单吸头 2～4 吸头	单吸头 双吸头	单吸头 双吸头	单吸头 双吸头

注：因实际注肥泵型号的选择不同，表中参数可能略有差别。

可根据工作环境的特殊要求选择壳体、吸水、内部材料、密封等的制造材料：不锈钢、铜、铝、PVC、PTFE、Viton、EPDM、Delrin。

表 1-13 美国 Dosmatic 系列水动注肥泵规格性能

型号	流量范围/(m^3/h)	工作压力/bar*	比例范围/%	连接尺寸
A10-1.0	0.007 2～2.2	0.41～6.0	0.2～1.0	3/4″
A10-2.5	0.007 2～2.2	0.41～6.0	0.5～2.5	3/4″
A10-5.0	0.007 2～2.2	0.41～6.0	1.0～5.0	3/4″
A12-1.0	0.007 2～2.7	0.41～6.9	0.2～1.0	3/4″
A12-2.5	0.007 2～2.7	0.41～6.9	0.5～2.5	3/4″
A12-5.0	0.007 2～2.7	0.41～6.9	1.0～5.0	3/4″
A15-2.5	0.009～3.4	0.27～6.0	0.2～2.5	1″,3/4″
A15-4ML	0.009～3.4	0.27～6.0	1.0～5.0	1″,3/4″
A20-2.5	0.009～3.4	0.34～6.9	0.2～2.5	1″,3/4″
A20-10	0.456～4.6	0.33～3.8	2.0～10.0	1″
A30-4ML	0.054～6.8	0.34～6.9	0.025～0.4	1″,3/4″
A30-2.5	0.054～6.8	0.34～6.9	0.2～2.5	1″,3/4″
A30-5.0	0.054～6.8	0.34～6.9	0.5～5.0	1″,3/4″
A40-4ML	0.114～9	0.34～6.9	0.025～0.4	1-1/2″,40 mm
A40-2.5	0.114～9	0.34～6.9	0.2～2.5	1-1/2″,40 mm
A80-2.5	0.228～18	0.34～6.9	0.2～2.5	2″,63 mm
DP20-2.3	0.009～4.6	0.34～6.9	0.2～2.3	1″,3/4″
DP30-2.3	0.057～6.8	0.34～6.9	0.2～2.3	1″,3/4″
T100-0.5	3.42～23.8	1.03～8.3	0.1～0.5	2″
T100-1.0	3.42～23.8	1.03～8.3	0.5～1.0	2″
T5	0.12～1.1	0.41～6.9	0.2～1.5	2″

* 1 bar=10^5 Pa。

泵注法的优点是：肥液浓度稳定不变，施肥质量好，效率高。对于要求实现灌溉液 EC、pH 实时自动控制的施肥灌溉系统，压差式与吸入式都是不适宜的。而注肥泵施肥通过控制肥料原液或 pH 调节液的流量与灌溉水的流量之比值，即可严格控制混合比。其缺点是：需另加注入泵，造价较高。

4. 射流泵

射流泵的运行原理是利用水流在收缩处加速并产生真空效应的现象，将肥料溶液吸入供水管(图 1-8)。射流泵的优点是：结构简单，没有动作部件；肥料溶液存放在开敞容器中，在稳定的工作情况下稀释率不变；在规格型号上变化范围大，比其他施肥设备的费用都低等。其缺点是：抽吸过程的压力损失大，大多数类型至少损失 1/3 的进口压力；对压力和供水量的变化比较敏感，每种型号只有很窄的运行范围。

以上施肥装置均可进行某些可溶性农药的施用。为了保证滴灌系统正常运行并防止水源污染，必须注意以下三点：第一，注入装置一定要装设在水源与过滤器之间，以免未溶解肥料、农药或其他杂质进入滴灌系统，造成堵塞；第二，施肥、施药后必须用清水把残留在系统内的肥液或农药冲洗干净，以防止设备被腐蚀；第三，水源与注入装置之间一定要安装逆止阀，以防肥液或农药进入水源，造成污染。

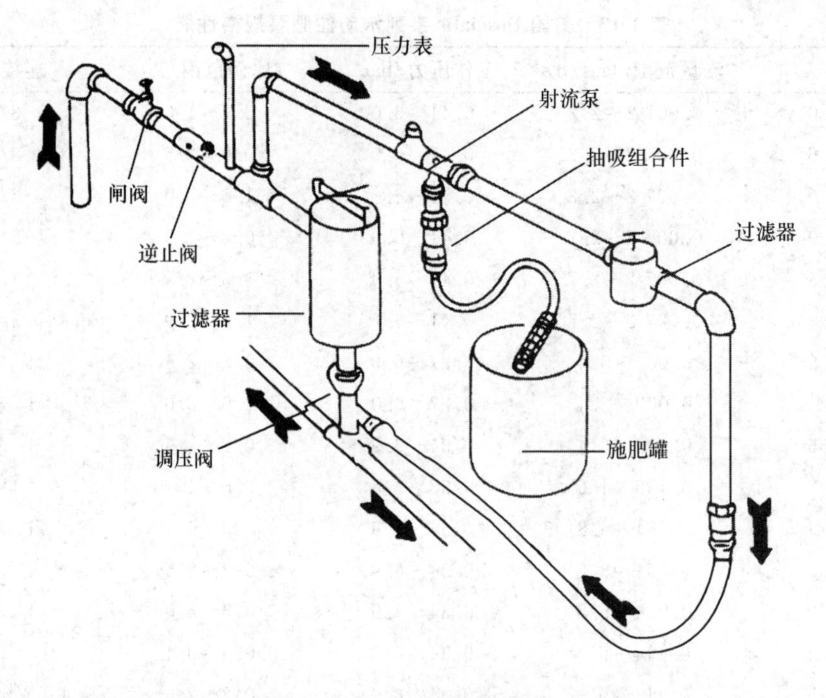

图 1-8 射流泵施肥系统

(四)首部枢纽的附属设施

首部枢纽的附属设施常见的有以下几种:沉淀池、蓄水池、电力设备控制柜、滴灌首部量测控制保护装置及首部设备土建及管理房。

1. 滴灌常见沉淀池的类型及工作原理

(1)滴灌常见沉淀池的类型

沉淀池的形式很多,按池内水流方向可分为平流式、竖流式和辐流式三种,滴灌系统初级过滤沉淀池较多为平流式,以矩形和梯形沉淀池较多,这种沉淀池构造简单,沉淀效果好,工作性能稳定,使用广泛,但占地面积较大。

①矩形沉淀池如图 1-9 所示。

图 1-9 滴灌系统典型矩形沉淀池

②梯形沉淀池如图 1-10 所示。

图 1-10　滴灌系统典型梯形沉淀池

(2)蓄水池

蓄水池是用人工材料修建、具有防渗作用的蓄水设施。根据地形和土质条件可以修建在地下或地上,即分为开敞式和封闭式两大类,按形状特点又可分为圆形和矩形两种,因建筑材料不同可分为:砖池、浆砌石池、混凝土池等,常见蓄水池如图 1-11 所示。

(a) 圆形蓄水池

(b) 矩形蓄水池

图 1-11　蓄水池示意图

当水源在高处时,滴灌工程可利用地形落差所产生的水头作为滴灌带允许的工作压力。因蓄水池容积一般都较小,普通蓄水池容积一般为 50～100 m^3,特殊情况蓄水量可达 200 m^3。水量决定了灌溉面积大小,因此蓄水池作为滴灌水源供水稳定性好,管道一般不会产生震动,噪声小;水源在低洼处时,滴灌工程应考虑投资和运行管理费用,可直接加压灌溉或者提水到高于灌溉区域地方,修建蓄水池,靠自压进行灌溉。

滴灌沉淀池除了用作初级沉淀过滤外,在一些地区为了高效利用过滤器,降低过滤器运行水头损失,对沉淀池进行改造设计,对沉淀池的水质进行更进一步的过滤,以利于更加符合滴灌设备要求,如图 1-12 所示。大型灌区利用河道地形条件建设“圆中环”式水沙分离装置,如图 1-13 所示。

(a) 局部过滤模式

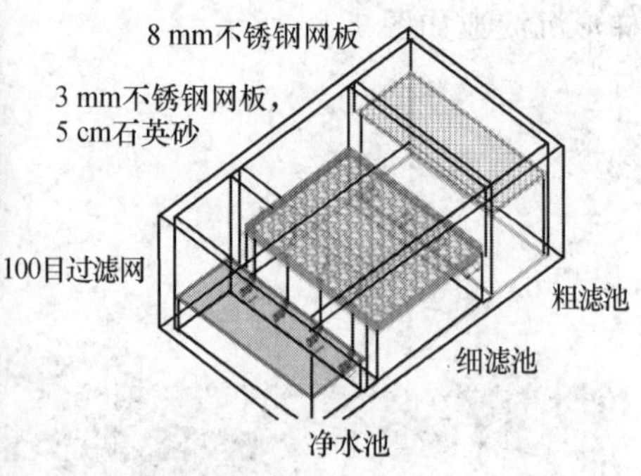

(b) 整体过滤模式

(c) 双向内斜跨式沉沙过滤池

图 1-12 滴灌系统改进沉淀池

图 1-13 滴灌系统典型"圆中环"式水沙分离装置

“圆中环”式水沙分离装置是一种新型的沉沙池，是利用环流引水、重力沉沙的原理，采用连续引水、间歇冲沙的工作方式。进水口前端修建矩形引水渠，引水渠结合沉沙池底，利用引水闸门控制形成雍高水位，引水渠道后顺水流方向修建有压进水涵洞，通至池中心的圆形出水口，涵洞末端设一孔冲沙闸，闸口外接环形冲沙道，冲沙道的末端，设置一孔泄沙闸，闸后接排沙渠通向下游河道。沉沙池由中心出水孔向四周为锥形螺旋面，从池内侧向池外侧渐变。锥面四周为环形冲沙道，其外侧为池内溢流墙体。沉沙池的外缘为环形进水渠，由浅至深渐变，通向下游引水干渠。

2.沉淀池结构与工作原理

沉淀池是应用沉淀作用降低、减少或去除水中悬浮物的一种构筑物。当滴灌水源采用地表水，水中含有大量的藻类、水生物、漂浮物与悬浮泥沙，当其含量大于过滤器的处理能力时，此时需借助沉淀池对灌溉水进行初级沉淀处理。沉淀池的主要目的是去除水中大量的泥沙，使处理后的灌溉水满足滴灌过滤器对悬浮泥沙含量过滤的要求。

(1)沉淀池的构造

沉淀池分为进水区、沉淀区、出水区三部分。

①进水区：进水区的作用是使水流均匀地分布在整个进水截面上，并尽量减少扰动，包括输水渠道和沉淀池的连接段。

②沉淀区：是沉淀池的主体部分，水中泥沙在此区沉淀。沉淀区的长度 L 决定于水流速 v 和停留时间 T；沉淀区的宽度 B 决定于流量 Q、有效水深 H_1 和水流速 v；沉淀区深度 H_3 等于沉淀区有效水深 H_1 与存泥设计深度 H_2 以及安全超高 Δ 之和，即 $H_3=H_1+H_2+\Delta$。沉淀区的有效水深 H_1 一般大于 1.0 m，存泥设计深度 H_2 按公式计算确定，Δ 值在 0.25 m 左右。沉淀区的长、宽、深之间相互联系，应综合研究决定，还应核算表面负荷率。再者，在沉淀区末端应设置穿孔墙，以便将水流均匀分布于整个截面上。采用的穿孔墙溢流率一般小于 500 $m^3/(m^2 \cdot d)$。洞口流速不宜大于 0.15～0.2 m/s。为保证穿孔墙的强度，洞口总面积不宜过大。洞口断面形状宜沿水流方向渐次扩大，以减弱进口的射流。拦污栅格应设置在穿孔墙上游侧。可采用人工排泥方式，地形条件许可时也可设置排沙孔排除泥沙。

③出水区：出水区指收集经沉淀区来水的区域。为使沉淀后的水在出水区均匀流出，一般采用溢流堰溢流，溢流堰的溢流口流量可适当高于 500 $m^3/(m^2 \cdot d)$，参考国家标准《室外给水设计规范(GB 50013—2006)》。

(2)沉淀池设计要求

从进入沉淀池开始，水流所挟带的设计标准粒径的泥沙颗粒以沉速 v_0 下沉，当水流到沉淀池出口时，设计标准及其以上粒径的泥沙颗粒沉到池底，这是沉淀池的设计原理。沉淀池设计时应符合以下要求：

①滴灌系统的取水口尽量远离沉淀池的进水口；

②在灌溉季节结束后，沉淀池必须能保证清除所沉积的泥沙；

③滴灌系统尽量提取沉淀池的表层水；

④在满足沉沙速度和沉沙面积的前提下，应建窄长形沉淀池，这种形状的沉淀池比方形沉淀池的沉沙效果好。表 1-14 给出了不同粒径泥沙的沉降速度，可供设计时参考。

表 1-14　不同粒径泥沙的沉降速度

泥沙质地	粒径/mm	沉降速度/(m/h)
粗沙	0.5～1.0	≥2 280
中沙	0.25～0.5	1 320
细沙	0.1～0.25	300
粉细沙	0.05～0.1	54
壤土	0.002～0.05	0.9
黏土	<0.002	0.036

⑤从过滤器反冲洗出的水应回流至沉淀池，但回水口应尽量远离滴灌系统的取水口。

(3)沉淀池设计主要参数

①表面负荷率(v_0)：表面负荷率是指沉淀池单位表面积的产水量，可用式(1-2)计算，其数值上等于设计标准粒径颗粒泥沙的沉速。根据渠水泥沙中极细沙比例大的特点，沉淀池的表面负荷率宜选择较小值，以利提高沉淀效率。沉淀池的表面负荷率不宜大于 3.0 mm/s 即 10.8 m/h，具体数值应根据渠水水质情况和不同的滴灌系统对水质的要求选用，建议采用 $v_0 = 0.72 \sim 7.2$ m/h。

$$v_0 = \frac{Q}{A} \tag{1-2}$$

式中：v_0——表面负荷率，m/h；

Q——设计流量，m^3/h；

A——沉淀池表面积，m^2。

②水平流速(v)：在沉淀池中，增大水平流速，一方面因提高了雷诺数 Re 而不利于泥沙颗粒下沉，但另一方面却提高了弗劳德数 Fr 而增加了水流的稳定性，利于提高沉淀效果。根据经验，沉淀池的水平流速宜取 $v = 36 \sim 90$ m/h。

③停留时间(T)：沉淀池的停留时间应考虑原水水质和灌水器对水质的要求，根据沉淀池运行经验，采用 $T = 1 \sim 3$ h。

④池的长宽比：一般认为，沉淀池沉淀区的长度和宽度之比不得小于 4。若计算得出沉淀池的宽度较大时，应进行分格，每格宽度宜为 3～8 m，最大不超过 15 m。

⑤沉淀池的长深比：沉淀池沉淀区长度与深度之比不要小于 10。

(4)沉淀池设计

①沉淀池表面积 A：在选定出表面负荷率 v_0、设计流量 Q 两参数后，即可按式(1-3)算出沉淀池表面积 A。

$$A = \frac{Q}{v_0} \tag{1-3}$$

式中符号意义同式(1-2)。

②沉淀池长度 L：沉淀池长度可按式(1-4)计算。

$$L = vT \tag{1-4}$$

式中：L——沉淀池长度，m；

v——水平流速，m/h；

T——停留时间 h。

③沉淀池宽度 B：沉淀池宽度可按式(1-5)计算。

$$B = \frac{A}{L} \tag{1-5}$$

式中：B——沉淀池宽度，m；其余符号意义同前。

④沉淀池(有效)水深 H_1：按式(1-6)计算。

$$H_1 = \frac{QT}{A} \tag{1-6}$$

式中：H_1——沉淀池(有效)水深，m；其余符号意义同前。

⑤存泥区深度 H_2：沉淀池存泥区深度按式(1-7)计算。

$$H_2 = \frac{QC_0 T_n}{\gamma A} \tag{1-7}$$

式中：Q——设计流量，m^3/h；

C_0——进入沉淀池的水流含设计标准及其以上粒径泥沙的浓度，kg/m^3；

T_n——滴灌的灌水周期，h；

γ——泥沙容重，可采用 1 780 kg/m^3。

(5)沉淀池水力条件复核

①水流紊动性复核：沉淀池水流的紊动性用雷诺数 Re 判别。

$$Re = \frac{3\ 600 vR}{\gamma} \tag{1-8}$$

式中：Re——雷诺数；

v——水平流速，m/h；

R——水力半径，m；

γ——水的运动黏性系数，水温 20℃时为 $1.01 \times 10^6 (m^2/s)$。

沉淀池中水流 Re 一般为 4 000～15 000，属紊流状态。此时水流除水平流速外，尚有上、下、左、右的脉动分速，且伴有小的涡流体，这些情况都不利于颗粒的沉淀。但在一定程度上可使浊度不同的水流混合，减弱分层流动现象。不过，通常要求降低 Re 以利颗粒沉降。降低 Re 的有效措施是减小水力半径 R，池中纵向分格可以达到这一目的。

②水流稳定性复核：水流稳定性以弗劳德数 Fr 判别，该值反映推动水流的惯性力与重力两者之间的对比关系。

$$Fr = \frac{1.296 \times 10^7 v^2}{Rg} \tag{1-9}$$

式中：Fr——弗劳德数；

g——重力加速度，9.8 m/s^2；其余符号意义同前。

Fr 增大，表明惯性力作用相对增加，重力作用相对减小，水流相对密度差、温度差、异重流及风浪等影响抵抗能力强，使沉淀池中的流态保持稳定，沉淀池 Fr 宜大于 10^{-5}。增大 Fr 的有效措施是减小水力半径 R，通常将池纵向分格来达到这一目的。

（五）电力控制设备

为便于滴灌系统中水泵、电器设备、配电设备安全启闭、正常运行，需配套电力控制设备。滴灌首部常见电力设备控制设备如图 1-14 所示。

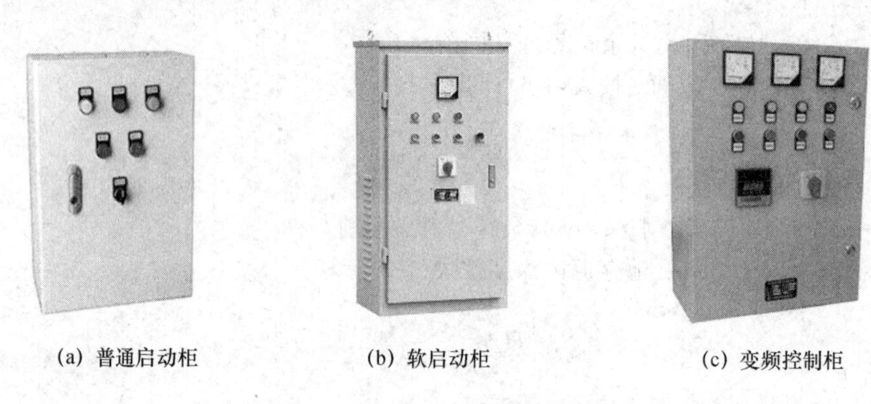

(a) 普通启动柜　(b) 软启动柜　(c) 变频控制柜

图 1-14　滴灌系统电力控制设备

（六）滴灌首部量测控制保护装置

为了保证滴灌系统的正常运行，必须根据需要，在系统中的某些部位安装水表、压力表、涡轮蝶阀、逆止阀、闸阀、空气阀等，如图 1-15 所示。

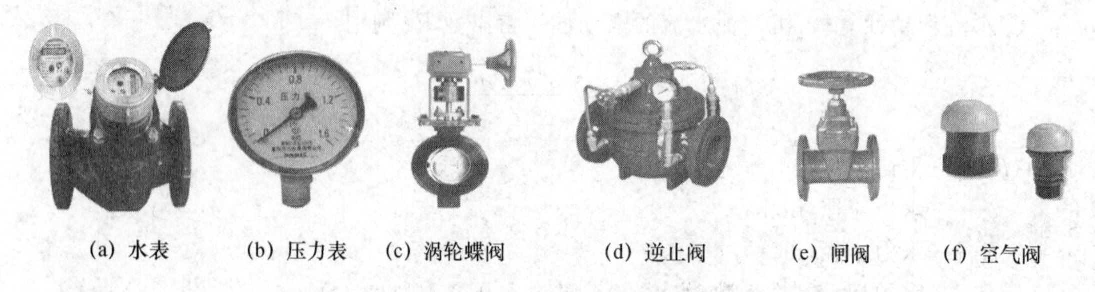

(a) 水表　(b) 压力表　(c) 涡轮蝶阀　(d) 逆止阀　(e) 闸阀　(f) 空气阀

图 1-15　滴灌系统量测控制保护装置

三、输配水管网和灌水器

滴灌系统输配水管网包括干管、支管、毛管，以及将各级管路连接为一个整体所需的管件和必要的控制、调节设备（闸阀、减压阀、流量调节器、进排气阀等）。管网作用是将压力水或肥料溶液输送并均匀地分配到各灌水器单元，如图 1-16 所示。

（一）干管、分干管与支管

滴灌系统常使用的输配水管道为塑料管，其中硬聚氯乙烯（PVC-U）管、低密度聚乙烯（LDPE）管、聚丙烯（PP）管、聚乙烯（PE）管的应用最为普遍。塑料管的共同优点是内壁光滑、水力性能好，有一定韧性、能适应一定的不均匀沉陷，重量小、搬运容易、成本低，耐腐蚀、

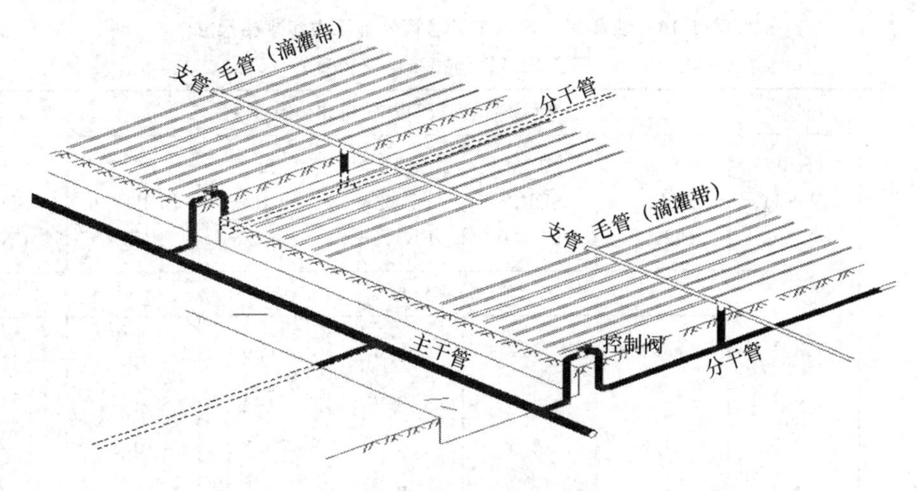

图 1-16　输配水管网结构

使用寿命长、一般可用 20 年以上；缺点是材质受温度影响大、高温发生变形、低温变脆，同时受光和热的影响容易产生老化，从而降低了材料的强度。为减少高温和光照对塑料管的影响，滴灌系统塑料管道一般埋入地面以下，以克服塑料管因阳光直射产生的老化问题，延长其使用寿命；室外的塑料管和其他输配水管要埋入冻土层以下，以避免管道冻裂。

1. 硬聚氯乙烯(PVC-U)管

硬聚氯乙烯(PVC-U)管是以聚氯乙烯树脂为主要原料，与稳定剂、润滑剂等配合后经挤压成型的，具有良好的承压能力、安装连接方便、外观漂亮等特点，但材质较脆，需要避免剧烈撞击。聚氯乙烯管属硬质管，刚性强，难以压延和拉伸，对地形的适应性和耐高温能力不如 LDPE 管，因此一般将其埋入地下作为灌溉系统中的输配水管道使用。给水用硬聚氯乙烯(PVC-U)管材规格见表 1-15、表 1-16。

表 1-15　硬聚氯乙烯(PVC-U)管公称压力和规格尺寸

（摘自 SL/T 10002.1—2006）

公称外径 d_n /mm	管材 S 系列、SDR 系列和公称压力						
	S16 SDR33 PN0.63	S12.5 SDR26 PN0.8	S10 SDR21 PN1.0	S8 SDR17 PN1.25	S6.3 SDR13.6 PN1.6	S5 SDR11 PN2.0	S4 SDR9 PN2.5
	公称壁厚 e_n /mm						
20	—	—	—	—	—	2.0	2.3
25	—	—	—	—	2.0	2.3	2.8
32	—	—	—	2.0	2.4	2.9	3.6
40	—	—	2.0	2.4	3.0	3.7	4.5
50	—	2.0	2.4	3.0	3.7	4.6	5.6
63	2.0	2.5	3.0	3.8	4.7	5.8	7.1
75	2.3	2.9	3.6	4.5	5.6	6.9	8.4
90	2.8	3.5	4.3	5.4	6.7	8.2	10.1

注：公称壁厚(e_n)根据设计应力(δ_s)10 MPa 确定，最小壁厚不小于 2.0 mm。

表 1-16　硬聚氯乙烯(PVC-U)管公称压力和规格尺寸

(摘自 SL/T 10002.1—2006)

公称外径 d_n /mm	管材S系列、SDR系列和公称压力						
	S20 SDR41 PN0.63	S16 SDR33 PN0.8	S12.5 SDR26 PN1.0	S10 SDR21 PN1.25	S8 SDR17 PN1.6	S6.3 SDR13.6 PN2.0	S5 SDR11 PN2.5
	公称壁厚 e_n /mm						
110	2.7	3.4	4.2	5.3	6.6	8.1	10.0
125	3.1	3.9	4.8	6.0	7.4	9.2	11.4
140	3.5	4.3	5.4	6.7	8.3	10.3	12.7
160	4.0	4.9	6.2	7.7	9.5	11.8	14.6
180	4.4	5.5	6.9	8.6	10.7	13.3	16.4
200	4.9	6.2	7.7	9.6	11.9	14.7	18.2
225	5.5	6.9	8.6	10.8	13.4	16.6	—
250	6.2	7.7	9.6	11.9	14.8	18.4	—
280	6.9	8.6	10.7	13.4	16.6	20.6	—
315	7.7	9.7	12.1	15.0	18.7	23.2	—
355	8.7	10.9	13.6	16.9	21.1	26.1	—
400	9.8	12.3	15.3	19.1	23.7	29.4	—
450	11.0	13.8	17.2	21.5	26.7	33.1	—
500	13.3	15.3	19.1	23.9	29.7	36.8	—
560	13.7	17.2	21.4	26.7	—	—	—
630	15.4	19.3	24.1	30.0	—	—	—
710	17.4	21.8	27.2	—	—	—	—
800	19.6	24.5	30.6	—	—	—	—
900	22.0	27.6	—	—	—	—	—
1 000	24.5	30.6	—	—	—	—	—

注:公称壁厚(e_n)根据设计应力(δ_s)12.5 MPa 确定。

2.低密度聚乙烯(LDPE)管

低密度聚乙烯(LDPE)管对地形的适应性强,综合性能好,一般用作灌溉系统的地面输配水管和毛管。灌溉工程中一般使用黑色不透明的聚乙烯管,且管道应光滑平整,无气泡、裂口、沟纹、凹陷和杂质等。低密度聚乙烯(LDPE)管材规格见表 1-17。

表 1-17　低密度聚乙烯(LDPE)管公称压力和规格尺寸

(摘自 QB/T 1930—2006)

公称外径 d_n /mm	平均外径极限偏差 /mm	公称压力/MPa					
		PN0.25		PN0.4		PN0.6	
		公称壁厚 /mm	极限偏差 /mm	公称壁厚 /mm	极限偏差 /mm	公称壁厚 /mm	极限偏差 /mm
16	+0.3 0	0.8	+0.3 0	1.2	+0.4 0	1.8	+0.4 0
20	+0.3 0	1.0	+0.3 0	1.5	+0.4 0	2.2	+0.5 0
25	+0.3 0	1.2	+0.4 0	1.9	+0.4 0	2.7	+0.5 0
32	+0.3 0	1.6	+0.4 0	2.4	+0.5 0	3.5	+0.6 0
40	+0.4 0	1.9	+0.4 0	3.0	+0.5 0	4.3	+0.7 0
50	+0.5 0	2.4	+0.5 0	3.7	+0.6 0	5.4	+0.9 0
63	+0.6 0	3.0	+0.5 0	4.7	+0.8 0	6.8	+1.1 0
75	+0.7 0	3.6	+0.6 0	5.6	+0.9 0	8.1	+1.3 0
90	+0.9 0	4.3	+0.7 0	6.7	+1.1 0	9.7	+1.5 0
110	+1.0 0	5.3	+0.8 0	8.1	+1.3 0	11.8	+1.8 0

3. 聚丙烯(PP)管

聚丙烯(PP)管耐高温性能较好，但管道的线性膨胀系数大，一般仅用作灌溉工程的地下供水管道。给水用聚丙烯(PP)管材规格见表 1-18。

表 1-18　聚丙烯(PP)管公称压力和规格尺寸

(摘自 QB/T 1929—2006)

公称外径 d_n /mm	平均外径/mm		公称压力/MPa			
			PN0.4	PN0.6	PN0.8	PN1.0
	$d_{em,min}$	$d_{em,max}$	管系列			
			S16	S10	S8	S6.3
			公称壁厚 e_n /mm			
50	50.0	50.5	2.0	2.4	3.0	3.7
63	63.0	63.6	2.0	3.0	3.8	4.7
75	75.0	75.7	2.3	3.6	4.5	5.6

续表 1-18

公称外径 d_n /mm	平均外径/mm		公称压力/MPa			
			PN0.4	PN0.6	PN0.8	PN1.0
			管系列			
	$d_{em,min}$	$d_{em,max}$	S16	S10	S8	S6.3
			公称壁厚 e_n /mm			
90	90.0	90.9	2.8	4.3	5.4	6.7
110	110.0	111.0	3.4	5.3	6.6	8.1
125	125.0	126.2	3.9	6.0	7.4	9.2
140	140.0	141.3	4.3	6.7	8.3	10.3
160	160.0	161.5	4.9	7.7	9.5	11.8
180	180.0	181.7	5.5	8.6	10.7	13.3
200	200.0	201.8	6.2	9.6	11.9	14.7
225	225.0	227.1	6.9	10.8	13.4	16.6
250	250.0	252.3	7.7	11.9	14.8	18.4

注:1. 公称压力 PN 为管材在 20℃时的工作压力。

2. 管系列 S 由设计应力与公称压力之比得出。

4. 聚乙烯(PE)管

聚乙烯简称 PE,是乙烯经聚合制得的一种热塑性树脂。PE 管具备接口稳定可靠,材料抗冲击、抗开裂、耐老化、耐腐蚀等一系列优点,在加工不同类型 PE 管材时,根据其应用条件的不同,选用树脂牌号的不同,同时对挤出机和模具的要求也有所不同。给水用 PE63 级聚乙烯(PE)管材规格见表 1-19,PE80 级聚乙烯(PE)管材规格见表 1-20,PE100 级聚乙烯(PE)管材规格见表 1-21。

表 1-19 PE63 级聚乙烯(PE)管公称压力和规格尺寸

(摘自 GB/T 13663)

公称外径 d_n /mm	公称壁厚 e_n /mm				
	标准尺寸比				
	SDR33	SDR26	SDR17.6	SDR13.6	SDR11
	公称压力/MPa				
	0.32	0.4	0.6	0.8	1.0
16	—	—	—	—	2.3
20	—	—	—	2.3	2.3
25	—	—	2.3	2.3	2.3
32	—	—	2.3	2.4	2.9
40	—	2.3	2.3	3.0	3.7
50	—	2.3	2.9	3.7	4.6

续表 1-19

公称外径 d_n /mm	公称壁厚 e_n /mm				
	标准尺寸比				
	SDR33	SDR26	SDR17.6	SDR13.6	SDR11
	公称压力/MPa				
	0.32	0.4	0.6	0.8	1.0
63	2.3	2.5	3.6	4.7	5.8
75	2.3	2.9	4.3	5.6	6.8
90	2.8	3.5	5.1	6.7	8.2
110	3.4	4.2	6.3	8.1	10.0
125	3.9	4.8	7.1	9.2	11.4
140	4.3	5.4	8.0	10.3	12.7
160	4.9	6.2	9.1	11.8	14.6
180	5.5	6.9	10.2	13.3	16.4
200	6.2	7.7	11.4	14.7	18.2
225	6.9	8.6	12.8	16.6	20.5
250	7.7	9.6	14.2	18.4	22.7
280	8.6	10.7	15.9	20.6	25.4
315	9.7	12.1	17.9	23.2	28.6
355	10.9	13.6	20.1	26.1	32.2
400	12.3	15.3	22.7	29.4	36.3
450	13.8	17.2	25.5	33.1	40.9
500	15.3	19.1	28.3	36.8	45.4
560	17.2	21.4	31.7	41.2	50.8
630	19.3	24.1	35.7	46.3	57.2
710	21.8	27.2	40.2	52.2	—
800	24.5	30.6	45.3	58.8	—
900	27.6	34.4	51.0	—	—
1 000	30.6	38.2	56.6	—	—

表 1-20　PE80 级聚乙烯(PE)管公称压力和规格尺寸

（摘自 GB/T 13663）

公称外径 d_n /mm	公称壁厚 e_n /mm				
	标准尺寸比				
	SDR33	SDR21	SDR17	SDR13.6	SDR11
	公称压力/MPa				
	0.4	0.6	0.8	1.0	1.25
16	—	—	—	—	—
20	—	—	—	—	—
25	—	—	—	—	2.3
32	—	—	—	—	3.0
40	—	—	—	—	3.7
50	—	—	—	—	4.6
63	—	—	—	4.7	5.8
75	—	—	4.5	5.6	6.8
90	—	4.3	5.4	6.7	8.2
110	—	5.3	6.6	8.1	10.0
125	—	6.0	7.4	9.2	11.4
140	4.3	6.7	8.3	10.3	12.7
160	4.9	7.7	9.5	11.8	14.6
180	5.5	8.6	10.7	13.3	16.4
200	6.2	9.6	11.9	14.7	18.2
225	6.9	10.8	13.4	16.6	20.5
250	7.7	11.0	14.8	18.4	22.7
280	8.6	13.4	16.6	20.6	25.4
315	9.7	15.0	18.7	23.2	28.6
355	10.9	16.9	21.1	26.1	32.2
400	12.3	19.1	23.7	29.4	36.3
450	13.8	21.5	26.7	33.1	40.9
500	15.3	23.9	29.7	36.8	45.4
560	17.2	26.7	33.2	41.2	50.8
630	19.3	30.0	37.4	46.3	57.2
710	21.8	33.9	42.1	52.2	
800	24.5	38.1	47.4	58.8	
900	27.6	42.9	53.3		
1 000	30.6	47.7	59.3		

表 1-21 PE100 级聚乙烯(PE)管公称压力和规格尺寸

(摘自 GB/T 13663)

公称外径 d_n /mm	公称壁厚 e_n /mm				
	标准尺寸比				
	SDR26	SDR21	SDR17	SDR13.6	SDR11
	公称压力/MPa				
	0.6	0.8	1.0	1.25	1.6
32	—	—	—	—	3.0
40	—	—	—	—	3.7
50	—	—	—	—	4.6
63	—	—	—	4.7	5.8
75	—	—	4.5	5.6	6.8
90	—	4.3	5.4	6.7	8.2
110	4.2	5.3	6.6	8.1	10.0
125	4.8	6.0	7.4	9.2	11.4
140	5.4	6.7	8.3	10.3	12.7
160	6.2	7.7	9.5	11.8	14.6
180	6.9	8.6	10.7	13.3	16.4
200	7.7	9.6	11.9	14.7	18.2
225	8.6	10.8	13.4	16.6	20.5
250	9.6	11.9	14.8	18.4	22.7
280	10.7	13.4	16.6	20.6	25.4
325	12.1	15.0	18.7	23.2	28.6
355	13.6	16.9	21.1	26.1	32.2
400	15.3	19.1	23.7	29.4	36.3
450	17.2	21.5	26.7	33.1	40.9
500	19.1	23.9	29.7	36.8	45.4
560	21.4	26.7	33.2	41.2	50.8
630	24.1	30.0	37.4	46.3	57.2
710	27.2	33.9	42.1	52.2	
800	30.6	38.1	47.4	58.8	
900	34.4	42.9	53.3		
1 000	38.2	47.7	59.3		

滴灌系统中，各级干管及分干管多采用农用 PVC-U 管[图 1-17(a)]和 PE 管[图 1-17(b)]埋设于地下；支管一般采用 PE 管[图 1-17(c)]铺设于地表，管材需符合现行管材相关标准。

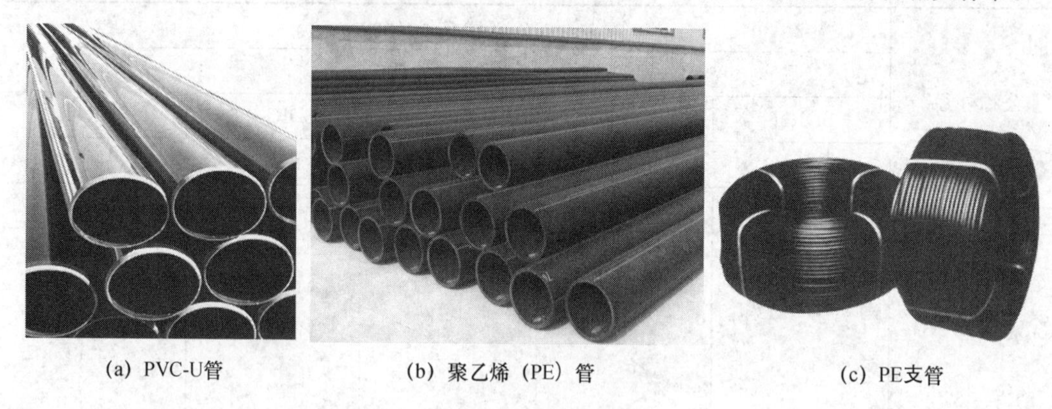

(a) PVC-U管　(b) 聚乙烯（PE）管　(c) PE支管

图 1-17　膜下滴灌工程中常用的 PVC-U 管和 PE 管

(二)管件

管件也称连接件，作用在于"连接"管道，即将管道连通形成管网。根据连接目的不同，管件被分成直接头、弯头、三通、四通、堵头、旁通等几类。管道的连接方式有焊接、粘接、插接、螺纹连接和法兰连接等。钢管之间可通过焊接、螺纹连接、法兰连接等多种方式连接，钢管与塑料管之间的连接可采用螺纹连接、法兰连接、插接。

硬聚氯乙烯(PVC-U)管之间的连接一般用专用管件插接，并用专用胶水将管件与管道粘接和密封。硬聚氯乙烯(PVC-U)管与钢管、PE 管之间的连接则可以采用法兰对接或螺纹连接，一般管径小于 90 mm 时采用螺纹管件连接，大于 90 mm 时采用法兰管件连接。

低密度聚乙烯(LDPE)管之间的连接一般用专用管件插接，并通过管件上的锁紧套和橡胶密封圈进行连接和密封，且管径一般小于 63 mm。低密度聚乙烯(LDPE)管与钢管、硬聚氯乙烯(PVC-U)管之间的连接一般采用螺纹连接。滴灌常用管件包括各种三通、弯头、变径接头等，如图 1-18 所示。

(a) 三通　(b) 弯头　(c) 变径直通　(d) 增接口

(e) 快接直通　(f) PE阳纹三通　(g) 球阀　(h) 按扣三通

图 1-18　各种管件

(三)控制设备

为保证滴灌系统正常、有序、安全运行,滴灌系统内应安装必要的控制阀、安全保护部件、测量设备等。

温室灌溉系统中使用的控制与安全部件是滴灌系统专用设备,一般可从工业和民用的给排水设备中选择。

1. 控制阀门

控制阀门用于接通和关闭灌溉管道,并可调节管道中水流的压力和流量大小,主要有闸阀、球阀和蝶阀。

闸阀具有开启和关闭力小,对水流的阻力小,水流可以两个方向流动,易于调节水流的压力和流量大小等优点。闸阀开启和关闭时间长,有利于防止管道中水锤的形成,因此闸阀特别适合作为温室滴灌和微喷灌系统中主控阀门使用,一般 40 mm 口径以上的控制阀都可使用闸阀。

球阀在微灌系统中应用很广泛,主要用于支管进口处的控制阀。球阀结构简单,体积小,对水流的阻力也小,缺点是开启或关闭太快,会在管道中产生水锤,因此在滴灌系统管网上,球阀主要用于地面管网控制。此外,球阀也经常安装在各级管道的末端作冲洗阀之用,冲洗排污效果好。

蝶阀的水力学特点与球阀类似,一般只能用作水流开关,不能进行水流的压力、流量调节。随着节水市场需求,滴灌系统地面管网上有使用 110 mm 的球阀,为避免铁质阀门锈蚀产生杂质堵塞灌溉系统,灌溉系统地下管网控制阀门采用各种形式的塑料蝶阀或其他耐腐蚀材料制作的阀门。

2. 安全设备

为保证灌溉系统的安全运行,需要在管道的适当位置安装相应的安全保护部件,以防止管道破坏、出水困难、水流倒灌等问题。常用的安全保护设备有止回阀或单向阀、进排气阀等,大型滴灌工程中还可能用到水锤消除器、安全阀等保护设备。

止回阀、单向阀和底阀是用来防止水倒流的保护部件。在供水管与施肥系统之间的管道中应装上止回阀,当供水停止时,止回阀自动关闭,使肥料罐里的化肥和农药不能倒流回供水管中。另外在水泵出水口装上止回阀后,当水泵突然停止时可以防止水倒流,从而可避免水泵倒转造成损坏。

进排气阀安装在系统供水管、干管、支管等的高处。当管道开始输水时,管中的空气向管道高处集中,此时主要起排除管中空气的作用,防止空气在管道中形成气泡而产生气阻,保证系统安全输水。当停止供水时,管道中的水流逐渐被排出,此时该阀起进气作用,防止管道内出现负压而破裂。

3. 压力调节器

压力调节器用来调微灌管道中水的工作压力,使之保持压力稳定的装置。将其安装在微灌系统管道中的某一部位时,不论其上游压力如何变化,它能利用调节弹簧自动将其下游压力保持在一定范围内,从而使管道下游的灌水器(滴灌、微喷头、滴灌带、喷水带等)在设计的工作压力下运行,确保了微灌系统正常的工作,稳压实际上就是稳流,因此稳压器也是一种流量调节器,有时也称之为压力流量调节器。

常见滴灌系统管网连接控制与安全部件包括各种阀门,如蝶阀、减压阀(压力调节阀)、减压水控计量阀(具有计量功能的压力调节阀)、空气阀(进排气阀)等(图 1-19)。

(a) 蝶阀　　(b) 减压阀　　(c) 空气阀

图 1-19　各种控制调节设备

(四)灌水器

灌水器简称滴头,安装在灌溉毛管上,以滴状或连续线状的形式出水,且每个出口的流量不大于 15 L/h 的装置,滴头是直接向作物滴水、施肥的设备,是滴灌系统中关键部件。灌水器工作原理是利用微小流道或孔眼消能减压,使灌溉水流变为水滴均匀、稳定地施入作物根区土壤中,逐渐润湿作物根层。现行滴头的相关标准为 GB/T 17187—2009/ISO 9261:2004《农业灌溉设备滴头或滴灌管技术规范和试验方法》。

1. 滴头的分类与特点

按滴头的结构特征可将滴头分成长流道式滴头、孔口式滴头、涡流式滴头等。长流道式滴头靠水流与流道壁之间的摩擦消能来调节出水量的大小,这种结构的滴头最为常用,如微管滴头、滴箭、某些恒流(压力补偿)式滴头等都属于这种类型。孔口式滴头靠孔口出流造成的局部压力损失来调节出水量的大小,具有结构简单、造价低的优点。涡流式滴头是靠水流进入滴头中的涡室内形成的涡流来消能调节出水量的大小。

按滴头的安装位置可将滴头分成管上式滴头和管间式滴头。管上式滴头直接或间接地(如通过微管)安装到灌溉系统中毛管管壁上,采用管上方式安装滴头简单方便,并可以通过微管调整滴头灌水的位置,大部分滴头是管上式滴头。管间式滴头是安装在两段管道(灌溉毛管之间)的滴头,如重力滴头。

按滴头的出水口数量可将滴头分成单出口式滴头和多出口式滴头。多出口式滴头出口的水流被分解并导流到几个不相同位置上,这样能使水流更好地扩散。

按滴头能否在埋入地下的滴灌系统中使用可将滴头分成地下滴灌用滴头和非地下滴灌用滴头。埋入地下的滴灌系统具有设备使用寿命长、不影响田间作业、节水效率高等优点,但地下滴灌用滴头应有特殊装置防止根系扎入滴头的出水口和停止灌溉时的泥水被吸入到滴头中而产生堵塞问题,因此地下滴灌系统造价较高,管理要求也高。

按滴头是否具有补偿性功能可将滴头分成非压力补偿(非恒流)式滴头和压力补偿(恒流)式滴头,其中压力补偿(恒流)式滴头入口水压力在制造厂规定的范围内变化时滴水流量相对不变。温室灌溉系统中采用压力补偿(恒流)式滴头不仅可以减少系统设计的工作量,更重要的是能够减少系统中输配水管道的材料用量,从而降低灌溉设备的成本,压力补偿(恒流)式滴头是发展趋势。图 1-20 为各种常用的滴头。

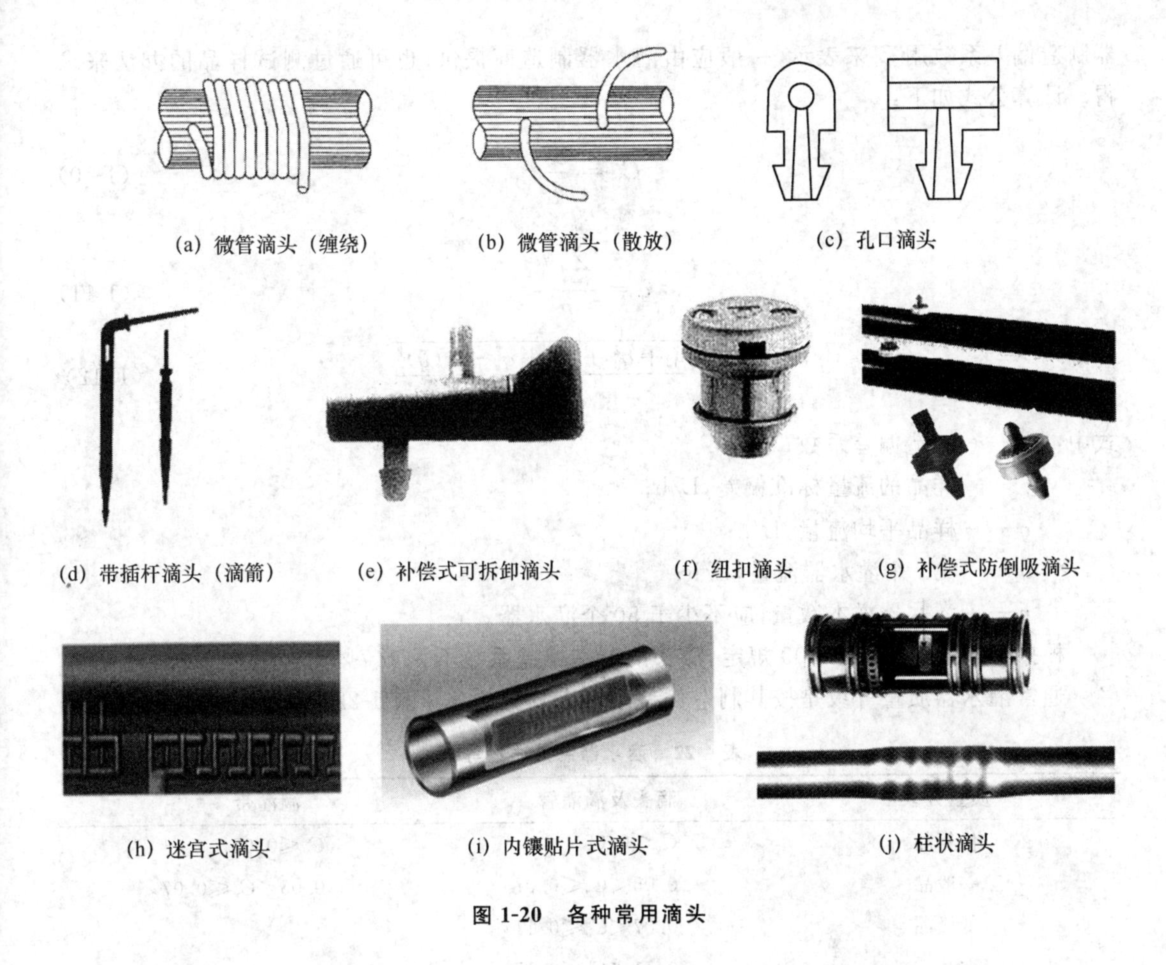

(a) 微管滴头（缠绕）　(b) 微管滴头（散放）　(c) 孔口滴头

(d) 带插杆滴头（滴箭）　(e) 补偿式可拆卸滴头　(f) 纽扣滴头　(g) 补偿式防倒吸滴头

(h) 迷宫式滴头　(i) 内镶贴片式滴头　(j) 柱状滴头

图 1-20　各种常用滴头

2.滴头的主要技术参数

(1)对堵塞的敏感性

滴头的主要技术参数有结构参数和水力性能参数。结构参数主要为流道宽度或出水口直径、流道长度等，滴灌灌水器的流道尺寸一般在 0.25～2.5 mm 之间。流道尺寸越小堵塞的敏感性越强、对灌溉水进行过滤的要求越高。一般推荐过滤设备能滤除大于灌水器流道直径 1/10 的颗粒。控制堵塞敏感度的两个特征值是灌水器流道尺寸和流道中水流的速度。根据最小流道尺寸将灌水器堵塞敏感性分类如下：小于 0.7 mm，非常敏感；0.7～1.5 mm，敏感；大于 1.5 mm，不敏感。

灌水器的流量通常在 20℃温度和 50～100 kPa 的压力条件下测定。流速高为紊流，水中细小颗粒不易沉积，堵塞的敏感性小；流速低多为层流，水中细小颗粒容易沉积，堵塞的敏感性大。

为了减小堵塞，一些公司开发出了具有一定自冲洗功能的滴灌灌水器。系统打开或关闭时，在压力逐渐上升或下降过程中，当压力低于某一特定值时，滴头内的补偿元件就会脱离流道，使流道变得很宽，杂质被冲出灌水器。

(2)制造偏差

灌水器制造偏差与灌水器设计、所用结构材料以及制造工艺有关。因滴灌灌水器的流道很小，其流道尺寸、形状和表面光洁度的微小差异，都会引起滴头流量的较大误差。灌水器制造偏差系数用C_v来表示，一般应由灌水器制造商提供；也可通过测试样品的办法来求得。计算公式如下：

$$C_v = \frac{S_d}{\bar{q}} \tag{1-10}$$

$$\bar{q} = \frac{\sum_{i=1}^{n} q_i}{n} \tag{1-11}$$

$$S_d = \frac{\sqrt{q_1^2 + q_2^2 + \cdots + q_n^2 - n(\bar{q})^2}}{n-1} \tag{1-12}$$

式中：C_v ——制造偏差系数；

S_d ——样品的流量标准偏差，L/h；

$\bar{q}$ ——样品平均流量，L/h；

q_i——第 i 个灌水器流量，L/h；

n ——灌水器样本数量，应不少于 50 个灌水器。

根据 GB/T 17187—2009 规定，滴头的制造偏差系数不大于 7%为合格产品。

通常灌水器质量等级是按其制造偏差系数来划分的。见表 1-22。

表 1-22　灌水器制造质量等级

质量分级	滴头及滴灌管	滴灌带
优等品	$C_v \leqslant 0.05$	$C_v \leqslant 0.03$
一般品	$0.05 < C_v \leqslant 0.07$	$0.05 < C_v \leqslant 0.07$
低级品	$0.07 < C_v \leqslant 0.11$	
次品	$0.11 < C_v \leqslant 0.15$	
废品	$C_v > 0.15$	$C_v > 0.1$

注：滴灌带系采用国际通用滴灌产品标准。

世界知名厂商所生产滴灌带的制造偏差见表 1-23。

表 1-23　世界知名厂商所生产滴灌带制造偏差

生产厂商（名称）	C_v
体特普（T-Tape）	0.03
耐特费姆（Streamline，Typhoon）	0.03
雨鸟（RaintapeTPC）	0.02
罗伯特 RO-DRIP	0.03
易润（Aqua-Traxx）	0.02～0.04
Chapin（Twin-Wall）	0.01～0.03
尼尔森（Pathfinder）	0.025
Queen-Gil	<0.05
欧洲滴灌（Eurodrip）	0.01～0.02
TigerTape	0.049

(3)压力和流量的关系

压力与流量变化之间的关系是灌水器的一个重要特征值。图 1-21 所示为各种类型灌水器的压力-流量变化关系。灌水器的流量指数(即流态指数 x)表示该灌水器的流态特征及其流量与压力的关系。对大多数灌水器而言,灌水器流量 q 可用下式表示:

$$q = kH^{x} \tag{1-13}$$

式中:k ——灌水器流量系数;

H ——灌水器工作压力;

x ——灌水器流量指数。

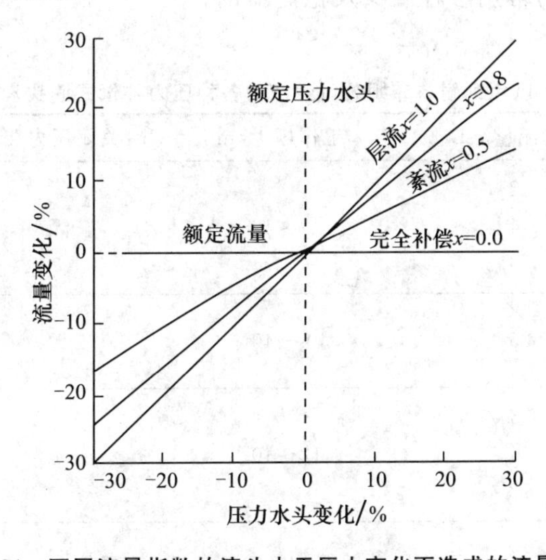

图 1-21　不同流量指数的滴头由于压力变化而造成的流量变化

式中 x 反映了滴头的流量对压力的敏感程度,流量指数 x 变化在 0～1 之间,完全补偿灌水器 $x=0$,紊流灌水器 $x=0.5$,层流灌水器 $x=1$。x 值越大,流量对压力的变化越敏感。目前,层流灌水器已被淘汰,国内外大量使用的滴灌灌水器的流量指数,滴头和滴灌管一般在 0.2～0.5 之间;滴灌带一般在 0.4～0.6 之间(表 1-24)。

表 1-24　世界知名厂商所生产滴灌带的流量指数

生产厂商/名称	x
体特普 T-Tape	0.50～0.52
耐特费姆(Streamline,Typhoon)	0.44～0.48
雨鸟(RaintapeTPC)	0.40
罗伯特 RO-DRIP	0.52,0.57
易润(Aqua-Traxx)	0.50,0.54
Chapin(Twin-Wall)	0.51～0.58
尼尔森(Pathfinder)	0.48
Queen-Gil	0.56
欧洲滴灌 Eurodrip	0.53～0.60
TigerTape	0.52

3. 滴头用稳流器

为克服非压力补偿式滴头的流量因压力变化而变化的缺点，可以采用在非压力补偿式滴头的入水口增设稳流器的方法。稳流器又称出水分配器，实际上也是一种压力补偿式滴头，只是在其结构上增加了出水口接头，以方便与非压力补偿式滴头的连接，如图 1-22 所示。

图 1-22　滴头用稳流器

4. 常用滴头及稳流器规格性能

表 1-25 至表 1-29 为常用各种滴头及稳流器的规格性能。

表 1-25　以色列耐特菲姆公司生产的各种压力补偿式滴头规格性能

滴头型号	可选流量/(L/h)	工作压力/m	关闭压力/m	可选出口形式
PC	2 4 8.5	5～40	无	平头 短管
PCB	25	5～40	无	防虫帽 短管
CNLH	3 6 12	12～40	4	平头 短管
CNLL	2 4 8.5	5～40	1.5	平头 短管
PCJ	2 3 4 8	5～40	无	平头 短管 倒刺
PCJCNL	2 4 8	5～40	0.5	平头 短管 倒刺

表 1-26　美国托罗公司生产的 TurboPlus 压力补偿式滴头规格性能

型号	正常流量/(L/h)	不同压力/kPa 对应流量/(L/h)					流道尺寸/mm
		100	150	200	250	300	
4052	2	2.0	2.1	2.2	2.1	2.1	0.6×0.6
4054	4	4.1	4.1	4.2	4.2	4.2	0.6×0.7
4058	8	7.9	1.9	8.0	8.0	8.0	1.2×0.6

表 1-27　西班牙阿速德公司生产的 HPCⅡ防倒吸补偿滴头规格性能(地下滴灌用滴头)

型号	自闭压力/kPa	流量/(L/h)	压力补偿范围/kPa	最小过滤等级/目
HPCⅡ	20	3.8	35～500	150

表 1-28　浙江乐苗公司生产的滴箭规格性能

滴箭形式	接头尺寸/mm	不同工作压力的流量/(L/h)			
		60 kPa	100 kPa	150 kPa	200 kPa
直柄	4	1.2	1.8	2.3	2.6
弯柄	4	1.8	2.2	2.8	3.4

表 1-29　国产滴头用稳流器规格性能

规格:流量/(L/h)	工作压力范围/kPa	生产厂家
2,4,8,12	50～350	浙江乐雨公司
8,10,15,20,30,40,50,60	50～400	天津英特泰克公司

(五)滴灌管(带)

滴灌管(带)被定义为在制造过程中加工的孔口或其他出流装置的连续滴灌管、滴灌带或管道系统,它们以滴状或连续流状出水,且每个滴水元件的流量不大于 15 L/h。现行滴灌管(带)的相关标准为 GB/T 17187—2009《农业灌溉设备滴头和滴灌管技术规范和试验方法》。

1. 分类与特点

实际上,滴灌管(带)是将滴头与毛管制成一整体,兼具有配水和滴水功能的灌水器。管壁较厚盘卷后仍能呈管状的为滴灌管,管壁较薄盘卷后呈带状的为滴灌带。

按滴灌管(带)能否重复使用可将滴灌管(带)分成非复用型滴灌管(带)和复用型滴灌管(带)。非复用型滴灌管(带)是因强度问题不再移动并重复使用的薄壁滴灌管(带);复用型滴灌管(带)则是能够移动和重新安装,并进行适当处理,以便在季节变化时或在其他环境下重复使用的厚壁滴灌管(带)。

按滴灌管(带)能否在埋入地下的滴灌系统中使用可将滴灌管(带)分成地下滴灌用滴灌管(带)和非地下滴灌用滴灌管(带)。埋入地下的滴灌系统具有设备使用寿命长、不影响田间作业、节水效率高等优点,但地下滴灌用滴灌管(带)应有特殊装置防止根系扎入滴头的出水口以及停止灌溉时泥水被吸入到滴头中而产生堵塞问题。

按滴灌管(带)是否具有补偿性功能可将其分成非压力补偿(非恒流)式滴灌管(带)和压力补偿(恒流)式滴灌管(带),其中压力补偿(恒流)式滴灌管(带)入口水压力在制造厂规定的范围内变化时滴水流量相对不变。温室灌溉系统中采用压力补偿(恒流)式滴灌管(带)不仅可以减少系统设计的工作量,更重要的是能够减少系统中输配水管道的材料用量,从而降低灌溉设备的成本,压力补偿(恒流)式滴灌管(带)是发展趋势。图 1-23 为常用的各种滴灌管(带)。

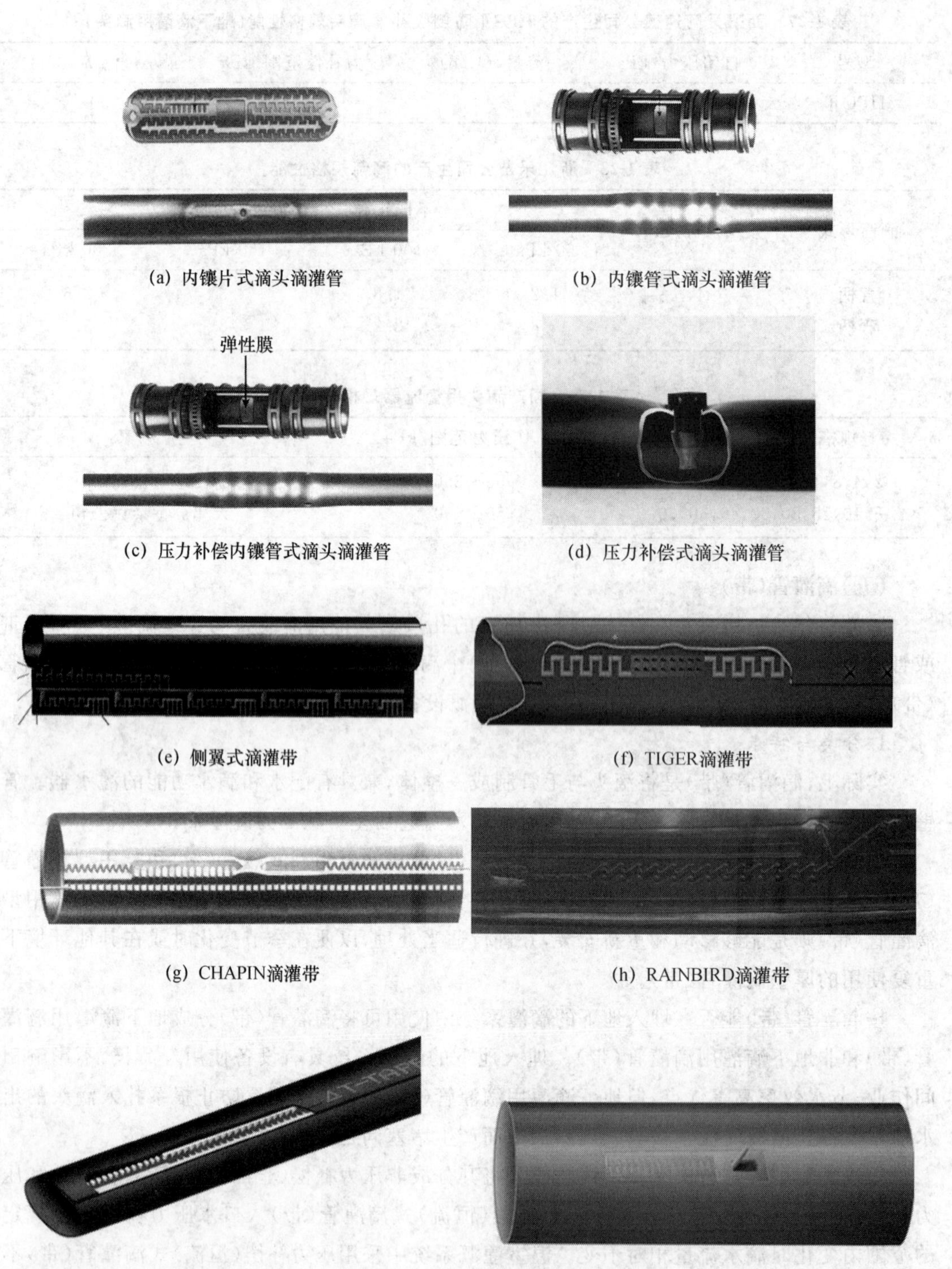

(a) 内镶片式滴头滴灌管

(b) 内镶管式滴头滴灌管

(c) 压力补偿内镶管式滴头滴灌管

(d) 压力补偿式滴头滴灌管

(e) 侧翼式滴灌带

(f) TIGER滴灌带

(g) CHAPIN滴灌带

(h) RAINBIRD滴灌带

(i) T-TAPE滴灌带

(j) 舌片出水口内镶片式滴头滴灌管

图 1-23 常用的各种滴灌管(带)

2. 主要技术参数

滴灌管(带)的主要技术参数有结构参数和水力性能参数。结构参数主要为流道宽度或出水口直径、流道长度等,一般流道宽度或出水口直径应在 0.5～1.2 mm,流道长度 30～50 mm。水力性能参数主要有流量与压力关系、流量变异系数等。滴灌管(带)的水力性能参数表示和计算方法与滴头相同。

根据 GB/T 17187—2009 规定,滴灌管(带)的制造偏差系数应不大于 7%。

3. 常用滴灌管规格性能

表 1-30 至表 1-33 为常用各种滴灌管(带)规格性能。

表 1-30 压力补偿式滴灌管规格性能

规格	流量/(L/h)	压力补偿范围/kPa	推荐工作压力/kPa	推荐平坡最大铺设长度/m(入口压力 300 kPa) 滴头间距/mm 300	400	500	生产厂家
16 mm	1.6	50～400	100～350	120	140	180	以色列纳安丹灌溉公司
	2.1	50～400	100～350	100	140	160	
	3.8	50～400	100～350	60	80	100	
20 mm	1.6	50～400	100～350	200	240	280	
	2.1	50～400	100～350	160	200	240	
	3.8	50～400	100～350	120	140	160	
16 mm(内径 13.8 mm)	1.2		80～350	172	219	262	以色列普拉斯托灌溉公司*
	1.6		80～350	139	177	213	
	2.2		80～350	113	144	173	
	3.6		80～350	82	104	125	
17 mm(内径 15.3 mm)	1.2		80～350	213	270	322	
	1.6		80～350	174	220	263	
	2.2		80～350	140	177	212	
	3.6		80～350	101	129	154	
20 mm(内径 17.6 mm)	1.2		80～350	279	352	419	以色列普拉斯托灌溉公司
	1.6		80～350	235	296	353	
	2.2		80～350	182	230	275	
	3.4		80～350	132	167	200	
16 mm	2.4		100～400	92	119	145	美国托罗公司**
	4.0		100～400	66	86	105	

* 可提供的管壁厚度有 0.9 mm,1.0 mm,1.1 mm,1.15 mm;内径相同,不论壁厚。

** 用作地下滴灌管。

表 1-31　北京绿源塑料联合公司生产的内镶片状滴头的滴灌管规格性能

规格型号										
管径/mm	16			16			16		12	
壁厚/mm	0.6			0.4			0.2		0.4	
滴头间距/mm	300	400	500	300	400	500	300	400	300	400
单卷长/m	500			1 000			2 000		2 000	
单卷直径/cm	57			57			57		57	
单卷宽度/cm	32			32			30		32	
单卷重/kg	18			24			24		34	
最大工作压力/kPa	250			200			100		250	
技术指标										
工作压力/kPa	50			100			150			
流量/(L/h)	2.1			2.7			3.3			

表 1-32　美国托罗公司直径 16 mm“蓝色轨道”滴灌带规格性能

编码	滴头间距/mm	滴头流量/(L/h)(工作压力 70 kPa)	长度 L/m	编码	滴头间距/mm	滴头流量/(L/h)(工作压力 70 kPa)	长度 L/m
低流量				标准高流量			
EA5xx0834	200	0.56	200	EA5xx04134	100	0.88	81
EA5xx1222	300	0.57	260	EA5xx0867	200	1.05	127
EA5xx1634	400	0.57	313	EA5xx1245	300	1.10	166
EA5xx2411	600	0.57	408	EA5xx1634	400	1.15	200
中等流量				EA5xx2422	600	1.13	260
EA5xx0850	200	0.81	154	EA5xx1624	400	1.38	173
EA5xx1234	300	0.84	200	EA5xx2428	600	1.40	225
EA5xx1625	400	0.86	211				

表 1-33　新疆天业公司生产单翼迷宫式滴灌带规格性能

规格	内径/mm	壁厚/mm	滴孔间距/mm	公称流量/(L/h)	工作压力/kPa	流量公式	每卷长度/m
200-2.5	16	0.18	200	2.5	50～100	$Q=0.685H^{0.58}$	2 500
300-1.8			300	1.8		$Q=0.452H^{0.60}$	
300-2.1				2.1		$Q=0.528H^{0.60}$	
300-2.4				2.4		$Q=0.603H^{0.60}$	
300-2.6				2.6		$Q=0.653H^{0.60}$	
300-2.8				2.8		$Q=0.703H^{0.60}$	
300-3.2				3.2		$Q=0.804H^{0.60}$	
400-1.8			400	1.8		$Q=0.432H^{0.62}$	
400-2.5				2.5		$Q=0.600H^{0.62}$	

第二节　滴灌系统分类

一、滴灌系统分类

滴灌是微灌中的一种最主要灌溉形式，目前分类方法比较杂乱，尚无一种公认的标准分类方法。一般而言：按毛管铺设位置可分为地上滴灌和地下滴灌，地上滴灌又可分为地表滴灌和悬挂式滴灌，地表滴灌又可分为无覆膜滴灌和膜下滴灌，地下滴灌可分为深层（耕层）滴灌和浅埋式滴灌；按使用作物对象可分为大田作物滴灌、果树滴灌、大棚滴灌、温室滴灌等；按水源可分为河水滴灌和井水滴灌；按压力源配套可分为加压滴灌和自压滴灌；按毛管类型可分为滴灌管滴灌、滴灌带滴灌；按灌水器工作特性可分为压力补偿式滴灌和非压力补偿式滴灌；按支毛管是否移动可分为固定式滴灌和半固定式滴灌等等。

二、系统分类特点

（一）固定式和半固定式滴灌系统

固定式滴灌系统系指首部枢纽、输配水管网、灌水器在整个灌溉季节位置固定不变的系统，适用于果树、蔬菜等作物。半固定式滴灌系指滴灌系统中部分或全部设备在灌溉季节移动的系统，主要是毛管在灌溉季节按设计要求进行移动的系统，一条毛管可控制数行作物，灌水时，灌完一行后再移至另一行进行灌溉，依次移动可灌数行，这种类型的滴灌系统适用于宽行蔬菜与瓜果等作物。实践证明，半固定式滴灌系统虽然节省了大量毛管和灌水器，降低了滴灌系统投资，但劳动强度太大；随着滴灌技术的进步和滴灌设备价格的降低，特别是滴灌管（带）价格的降低，移动式滴灌在集约化、规模化生产方面没有优势，已逐渐被淘汰。目前新疆99％以上的滴灌系统均为固定式滴灌系统。

（二）自压和加压滴灌系统

按滴灌系统获得压力的方式可分为自压滴灌系统和加压滴灌系统。当水源位于高处时首先应考虑自压滴灌系统，因为它运行费用低、节约能源。自压滴灌系统和加压滴灌系统在设计理念上是完全不同的：在设计自压滴灌系统时，应尽量利用自然水头所产生的压力以减小输配水管网管径降低系统造价；在设计加压滴灌系统时，管网造价和能量消耗所产生的运行费用必须同时考虑，从经济上讲，二者之和最低的系统才是最佳系统，特别是作物生育期降雨很少的纯灌溉农业区。

（三）地上和地下滴灌系统

地上滴灌系统系指毛管和灌水器铺设于地表以上的滴灌系统；地下滴灌系统系指毛管和灌水器铺设于地表以下的滴灌系统。地上滴灌系统一般情况下干、支管均埋设于地下，而毛管和灌水器敷设于地表。果树滴灌系统也有利用树干将毛管和灌水器挂在空中的，毛管离地面约40 cm。地下滴灌系统除首部枢纽外输配水管网以及灌水器全部埋设于地表以下。真正意义上的地下滴灌系统是指毛管和灌水器埋设于耕作层以下多年使用的滴灌系统，它与地上滴灌系统有着本质的区别，影响灌水器出水量的因素十分复杂，堵塞概率增加，对毛管和灌水器有特殊要求，必须在毛管尾部增加冲洗用的排水系统。浅埋式滴灌系指将毛管和灌水器埋设于地表以下 3～5 cm 的滴灌系统，主要用于大田滴灌一次性毛管系统，目的是解决大田地表滴灌易遭受风害问题，效果很好。它与地表滴灌没有本质区别，可完全按地表滴灌系统规划设计方法进行设计。

（四）大田、果树和保护地滴灌系统

滴灌技术是现代作物栽培技术措施之一，滴灌系统是为作物栽培服务的，不同的栽培对象有不同的问题和要求，必须有针对性才能产生良好的经济效益，因此它们使用的滴灌设备是不同的。大田滴灌系统必须首先解决降低投入和因每年耕作所带来的一系列问题，必须适应集约化生产和机械化生产的发展要求；果树滴灌应注意多年生作物的特点，滴灌设备必须质量好、运行可靠、使用年限长；保护地栽培，特别是大棚、温室群，作物种类繁多、生育阶段不一致、倒茬频繁等，为保证供水宜配置变频装置，并针对需水量最大作物，按随机取水模式进行设计，因一般情况下作物种植行很短，应采用专用小口径毛管。

（五）压力补偿式和非压力补偿式滴灌系统

压力补偿式滴灌系统系指采用压力补偿式灌水器的滴灌系统。非压力补偿式滴灌系统系指采用一般非压力补偿灌水器的滴灌系统。压力补偿式灌水器是借助水流压力使灌水器内弹性部件或流道变形致使过水断面积变化，实现灌水器流量稳定，使滴灌系统的灌水均匀度得到有效保证。压力补偿式灌水器能在一个压差较大的压力范围内保持灌水器流量不变，一般在地形复杂、起伏较大的山丘地或毛管必须铺设很长的情况下使用。压力补偿式灌水器构造复杂，制造偏差系数通常较大且价格较高；它们的性能受温度、材料疲劳强度的影响较大，随着弹性部件的疲劳、老化，补偿性能会降低。一般情况下建议设计成非压力补偿式滴灌系统。

第三节　膜下滴灌系统常见结构模式

一、根据水源不同划分的不同类型的滴灌系统

（一）地表水滴灌系统

地表水滴灌系统如图 1-24 所示。

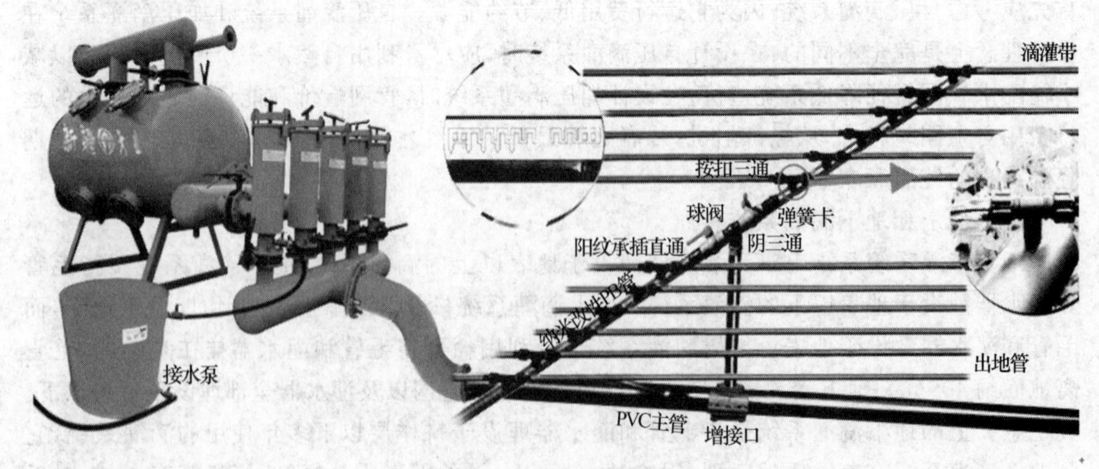

图 1-24　地表水滴灌系统

(二)地下水(井水)滴灌系统

地下水(井水)滴灌系统如图 1-25 所示。

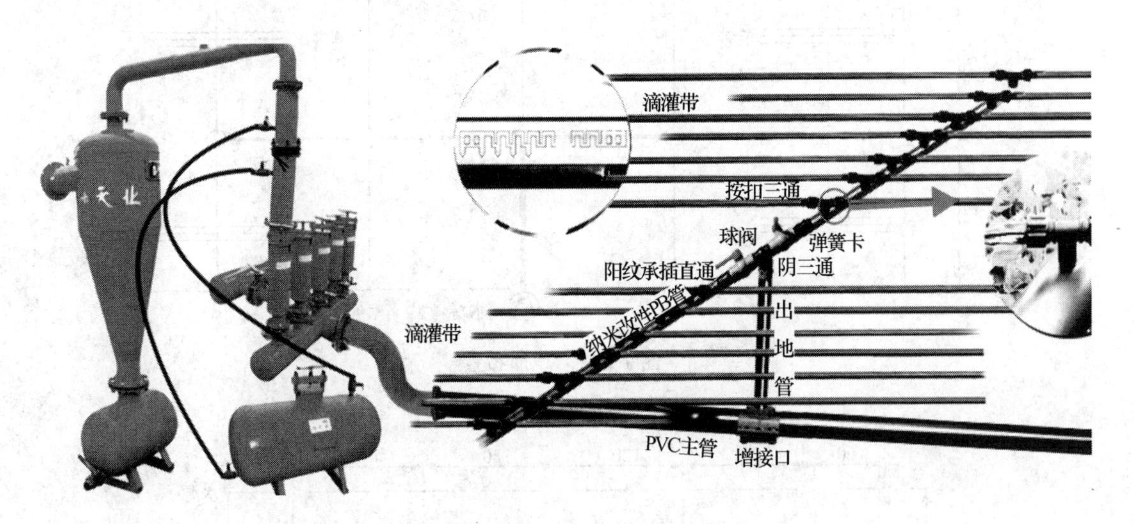

图 1-25 地下水(井水)滴灌系统

二、膜下滴灌系统常见地下管网结构模式

一般滴灌系统输水管网采用固定式管网,其布置形式主要采用树状管网,依据水源的种类和位置以及管网类型不同,其布置形式有如下几种。水源位于田块一侧,树状管网一般呈"一"字形、"T"形和"L"形。这三种布置形式主要适用于控制面积较小的井灌灌区,一般控制面积为 10～33.3 hm^2(150～500 亩),如图 1-26、图 1-27 所示。

水源位于田块一侧,控制面积较大,一般为 40～100 hm^2(600～1 500 亩)。地块呈方形或长方形,作物种植方向与灌水方向相同或不相同时可布置成梳齿形或"丰"字形,如图 1-28 所示。

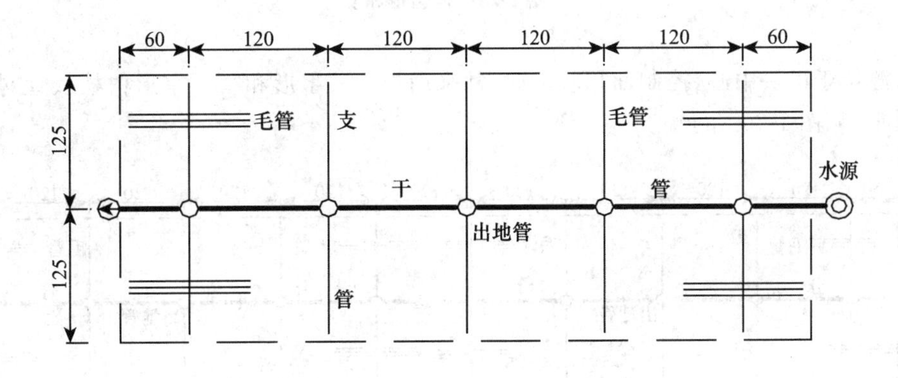

图 1-26 "一"字形布置

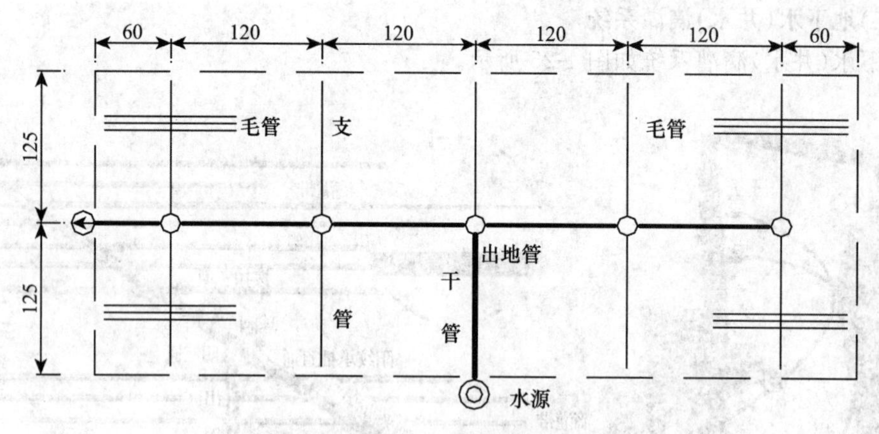

图 1-27 "T"形布置

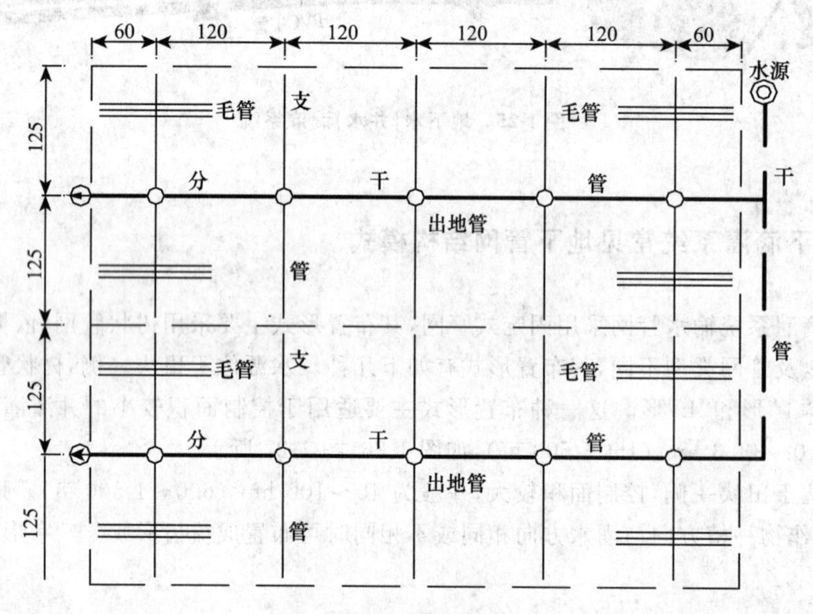

图 1-28 梳齿形布置

水源位于田块中心,控制面积较大时,常采用长"一"字形和"工"字形树枝状管网布置形式如图 1-29、图 1-30 所示。

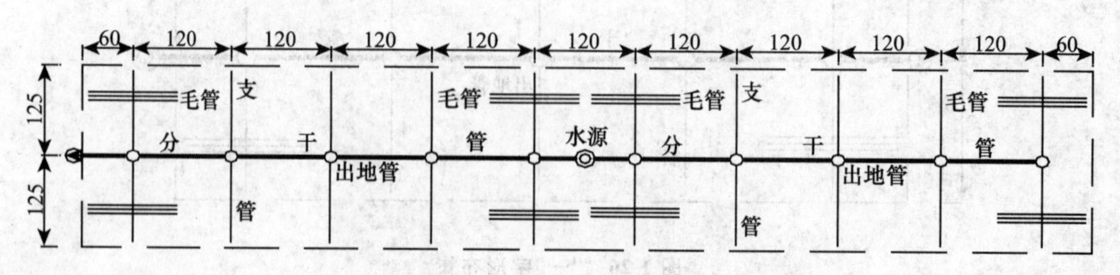

图 1-29 "一"字形布置

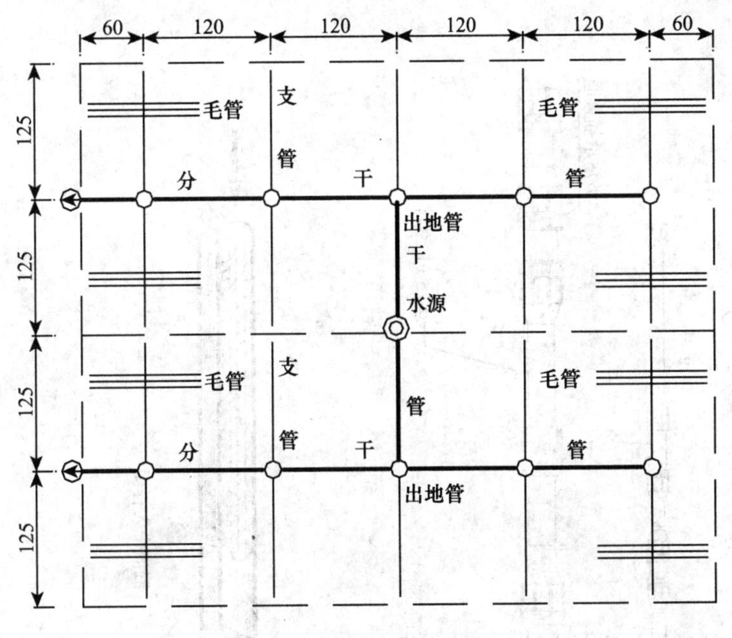

图 1-30 长“工”字形布置

由于受水量限制，一些地区采用地下管网环状布置，利用地埋管网将多个水源点连通供水，保证滴灌系统的正常运行。

三、膜下滴灌系统常见地面管网结构模式

膜下滴灌系统结构模式，随着滴灌技术的发展和进步，不断创新、完善。常用结构模式有以下形式。

(一)厚壁支管(双阀)+辅管+毛管模式

该模式支管选用 Φ75 或 Φ63 的 PE 厚壁管，辅管选用 Φ40 或 Φ32 的 PE 管，工作压力等级为0.4 MPa，出地管与支管，支管与辅管用快接方式连接，干管两侧支管均安装球阀，可分别独立控制运行，辅管与毛管用按扣三通连接。

该模式干、支管管径小，划分灌水小区方便，同时存在灌水小区控制面积小，控制球阀多，支管回收不方便、运行操作复杂的情况。该模式适合单个农户种植面积小，多用户合作的滴灌系统。如图 1-31 所示。

(二)厚壁支管(单阀)+辅管+毛管模式

该模式与模式(一)相似，区别在于出地管上安装球阀，干管两侧的支管必须同时起闭，运行方便但缺少灵活性。如图 1-32 所示。

(三)薄壁支管(双阀)+辅管+毛管模式

该模式支管选用 Φ75 或 Φ63 纳米低压输水软管，辅管选用 Φ40 或 Φ32 的 PE 管，工作压力等级为 0.25 MPa，出地管与支管，支管与辅管用承插方式连接，弹簧卡锁紧，辅管与毛管用按扣三通连接。

该模式支管采用低压输水软管，铺管和收管方便，系统造价低。干管两侧支管均安装球阀，可分别独立控制运行，是模式(一)的材料升级模式。如图 1-33 所示。

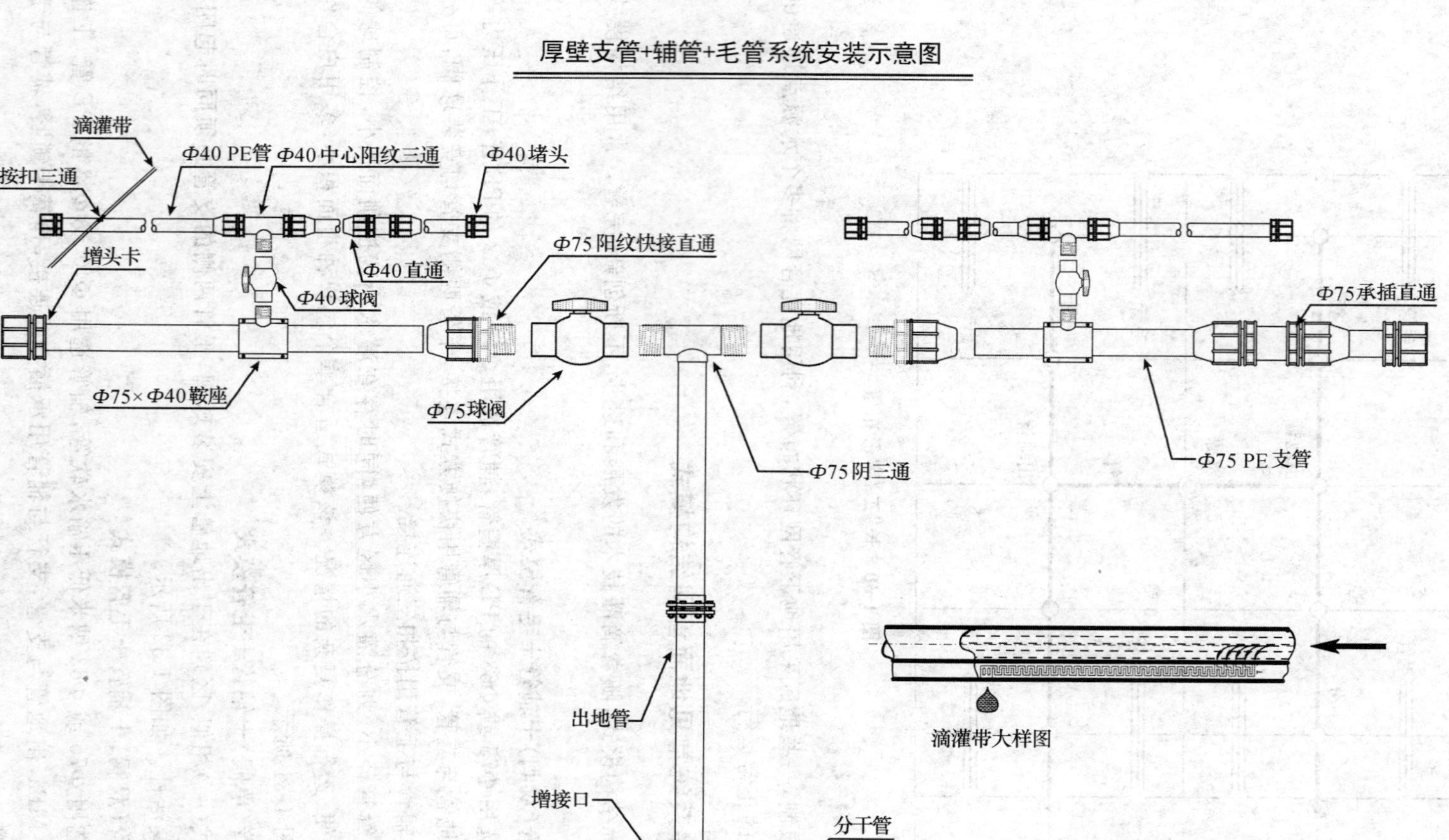

图1-31　厚壁支管（双阀）+辅管+毛管模式

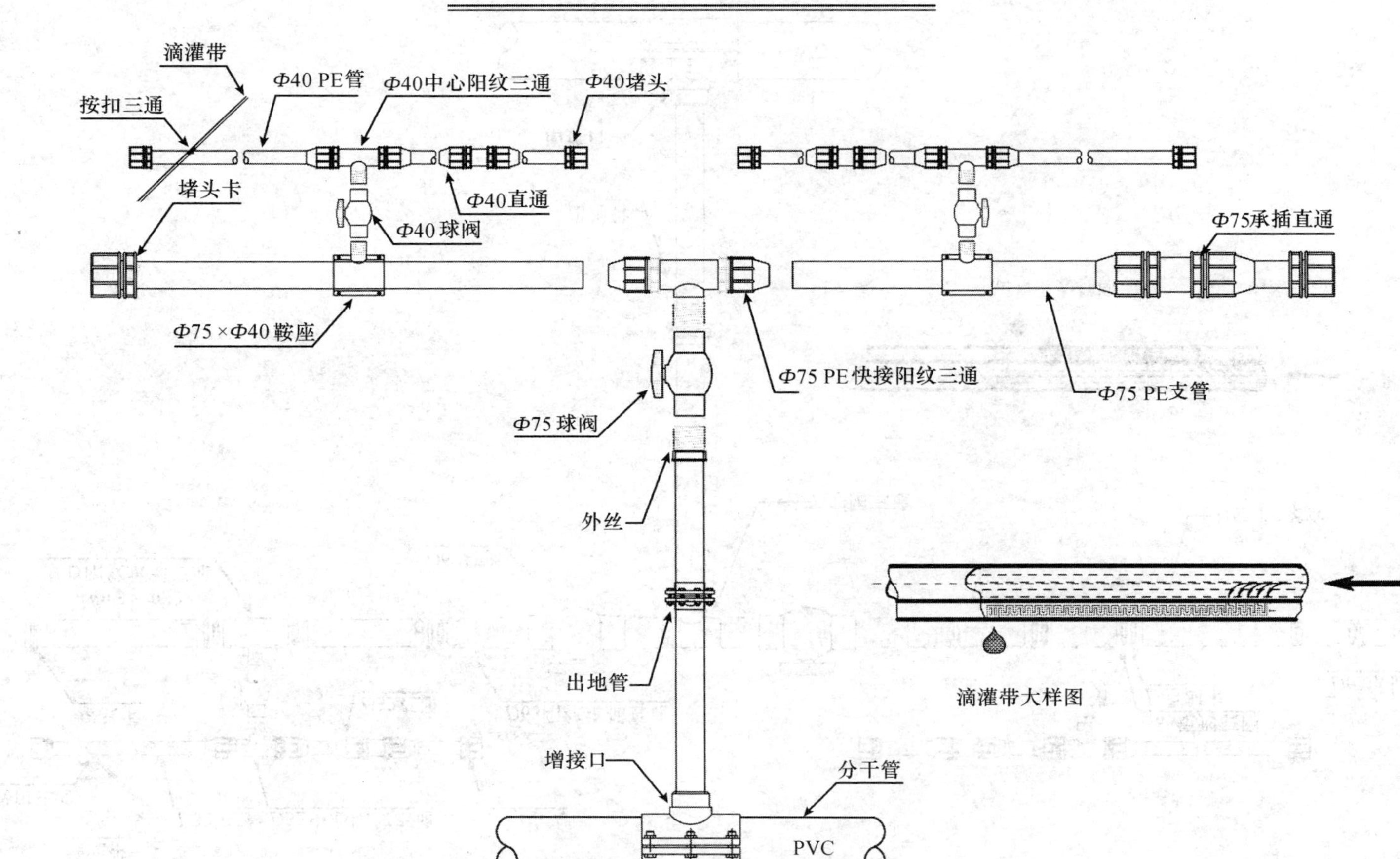

图1-32　厚壁支管（单阀）+辅管+毛管模式

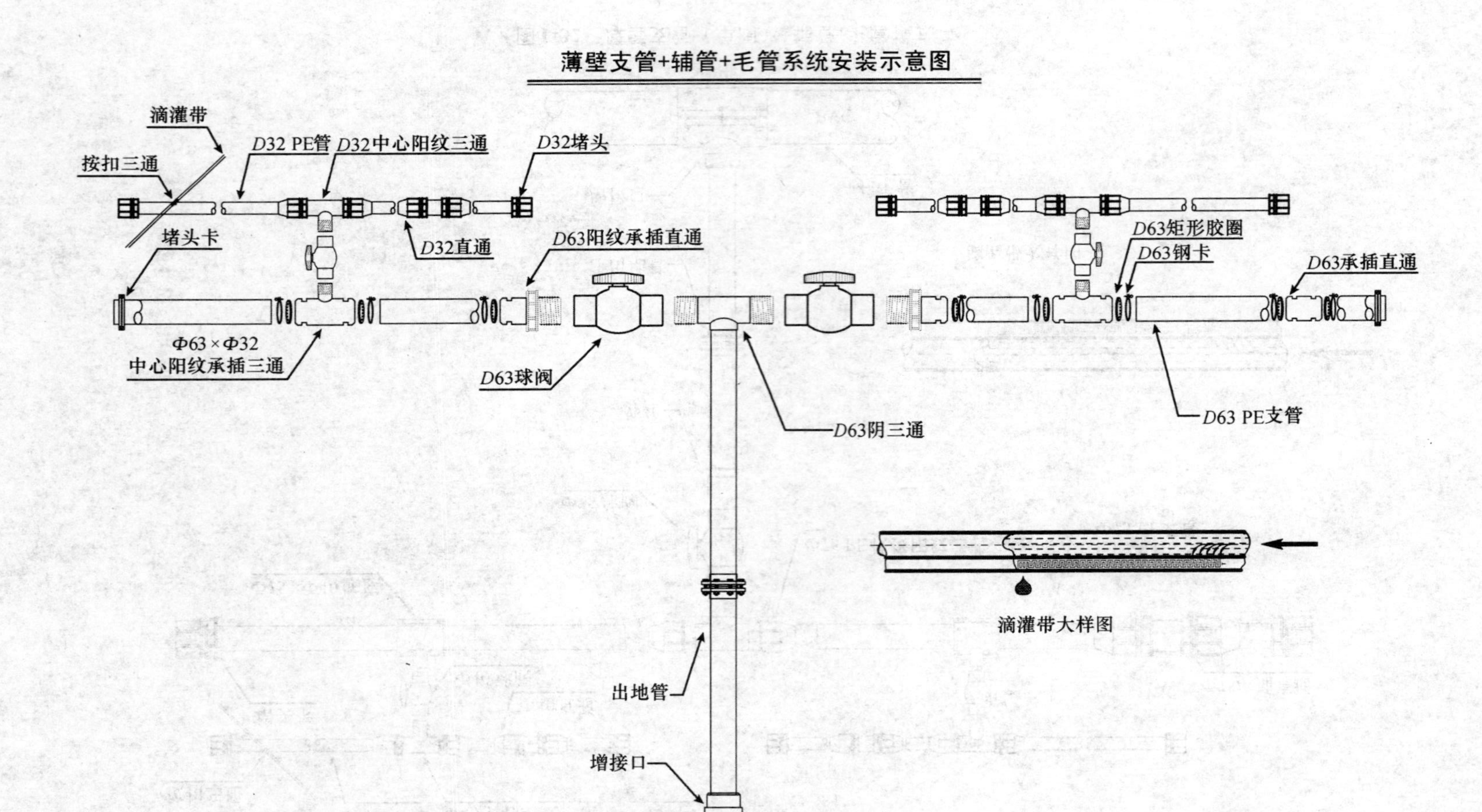

图1-33　薄壁支管（双阀）+辅管+毛管模式

(四)薄壁支管＋按扣三通＋毛管模式

支管选用 Φ125、Φ110 或 Φ90 纳米低压输水软管,工作压力等级为 0.25 MPa,出地管与支管用承插方式连接,弹簧卡锁紧,支管与毛管用按扣三通直接连接。毛管需要单向铺设时可用旁通与支管连接。

该模式灌水小区控制面积大,田间控制球阀少,安装、运行简便,方便机械化作业及大户规模化种植及管理。如图 1-34 所示。

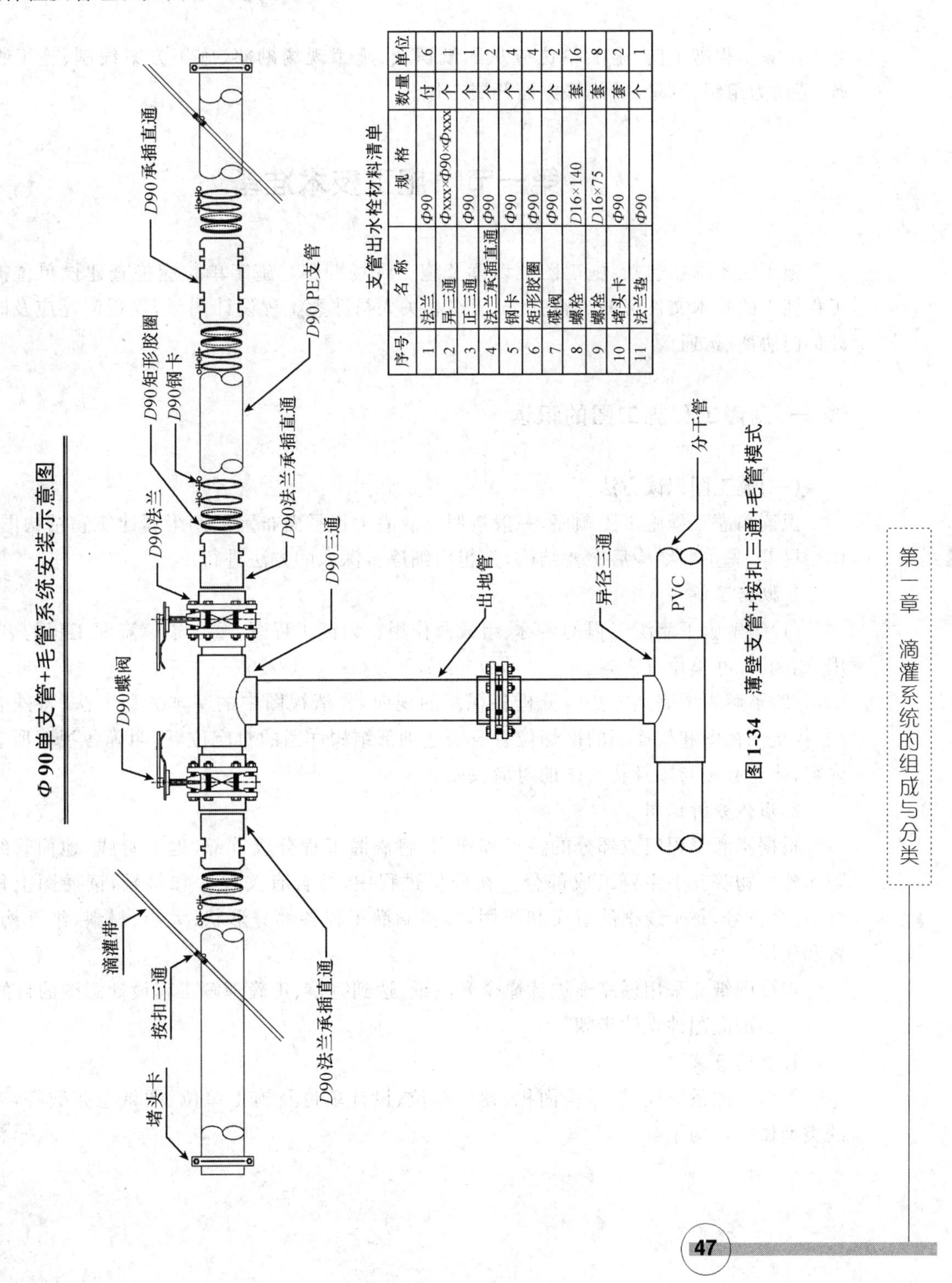

支管出水栓材料清单

序号	名 称	规 格	数量	单位
1	法兰	Φ90	付	6
2	异三通	Φxxx×Φ90×Φxxx	个	1
3	正三通	Φ90	个	1
4	法兰承插直通	Φ90	个	2
5	钢卡	Φ90	个	4
6	矩形胶圈	Φ90	个	4
7	碟阀	Φ90	个	2
8	螺栓	D16×140	套	16
9	螺栓	D16×75	套	8
10	堵头卡	Φ90	套	2
11	法兰垫	Φ90	个	1

图 1-34 薄壁支管+按扣三通+毛管模式

第二章　滴灌施工前准备

滴灌工程施工前，施工单位应从图纸识读、施工现场勘察、施工方案编制、施工物资准备、劳动力组织、测量、放线等方面开展工作。

第一节　施工技术准备

施工技术准备包括：施工图纸识读及施工现场勘察。施工单位应检查建设单位提供的工程施工的技术文件资料是否齐全，组织相关人员熟悉工程设计图纸，发现问题应及时与设计部门协商、沟通。

一、滴灌工程施工图的识读

（一）施工图识读方法

识读滴灌工程施工图顺序，一般按照由滴灌工程平面布置图到附属建筑物结构图，先整体后局部，先主要结构后次要结构，先粗后细逐步深入的方法进行。

1.概括了解

（1）了解膜下滴灌工程的名称、组成及作用。识读工程图，重点了解滴灌工程的名称、作用、比例、尺寸单位等内容。

（2）了解视图表达方法。分析各视图的视向，弄清视图中的基本表达方法、特殊表达方法，找出剖视图和剖面图的剖切位置及表达细部结构详图的对应位置，明确各视图所表达的内容，建立起图与图及物与图的对应关系。

2.形体分析识图

根据滴灌工程组成部分的特点和作用，将滴灌工程分成首部、地下管线、地面管线以及附属建筑物等几个主要组成部分。在分析过程中，结合有关尺寸和符号，读懂图上每条图线、每个符号、每个线框的意义和作用，弄清滴灌工程各部分形状、大小、材料、细部构造、位置和作用。

识读图纸应采用循序渐进读懂全套图纸，达到完整、正确理解工程设计意图的目的。

（二）滴灌图件识读步骤

1.查阅目录

了解滴灌系统模式、系统面积、建设单位、设计单位及施工单位、图纸总张数等，对图纸的类型做初步的了解。

2. 检查图纸

按照图纸目录检查各类图纸是否齐全，图纸编号与图名是否齐全和符合，图纸齐全后按顺序进行看图。

3. 阅读设计总说明

了解滴灌工程地理位置、高程、坡度、规划面积、水源类型，规划区地势，作物种植方向，种植模式，系统设计模式，主干管、分干管布局等。

4. 识读滴灌工程平面布置图

了解滴灌工程首部位置，系统模式，输水主干管、分干管的平面走向，管网的规格、型号，了解给水栓、排水井、闸阀井的位置。图纸上，一般用点画线表示输水管线，用圆圈表示给水栓的位置。

5. 识读其他视图

对滴灌工程有了总体了解之后，可以从附属建筑物图进一步深入看图。按照管网安装示意图→首部安装示意图→排水井、闸阀井安装示意图→镇墩施工图（包括详图）的顺序进行识图，遇到问题及不理解的情况记下来，以便在继续看图中得到解决或在后期施工安装设计交底时获得解决。

图纸全部看完之后，可按不同工种有关的施工部分，将图纸再细读，要考虑按图纸的技术要求，在施工时如何保证各工序的衔接以及工程质量等，重点核对平面布置图与各连接示意图的配套性，建筑物布置是否合理，各部分衔接是否便于顺利施工等。

（三）施工图件及示例

滴灌工程施工图主要描述工程管网的布置，注重反映系统的整体性、结构性，主要包括工程规划图、工程平面布置图、系统轮灌运行图、工程建筑物设计图等。

1. 工程规划图

工程规划图需在地形图上绘制，主要反映项目区地理位置、地形、地貌、水源工程、泵站等主要建筑物和主干（渠）道的初步布置。如果图面大小允许，还可以反映与工程有关的河流、道路、重要的建筑物和居民点等，一般采用示意法表示。为使图幅大小适用，所用地形图比例尺要适当，灌区面积 333 hm^2（5 000 亩）以下者宜为（1∶2 000）～（1∶5 000）；灌区面积大于等于 333 hm^2（5 000 亩）者可为（1∶5 000）～（1∶10 000）。如果项目区面积较小，灌溉系统较简单，工程规划图可与工程平面布置图合并。

2. 工程平面布置图

工程平面布置图是在工程规划图的基础上，对单个灌溉系统的具体反映，工程平面布置图在地形图上绘出，其比例尺宜为（1∶1 000）～（1∶2 000）。图中应示出系统边界及内部分区线，水源及水源工程的位置，各类闸阀、给水栓以及其他附属设施的位置，并且还应标明管道（或渠道）的名称及编号、节点编号等。除以上必须反映的内容外，在工程平面布置图中还可以用箭头表明地形的坡降方向、河流水系的流向、地理方位（指北针）等。为了使图形主次分明，结构上的次要轮廓线和细部结构可以省略不画，或采用局部放大图的方式表示这些结构的位置关系和作用。某滴灌系统工程平面布置图如图 2-1 所示。

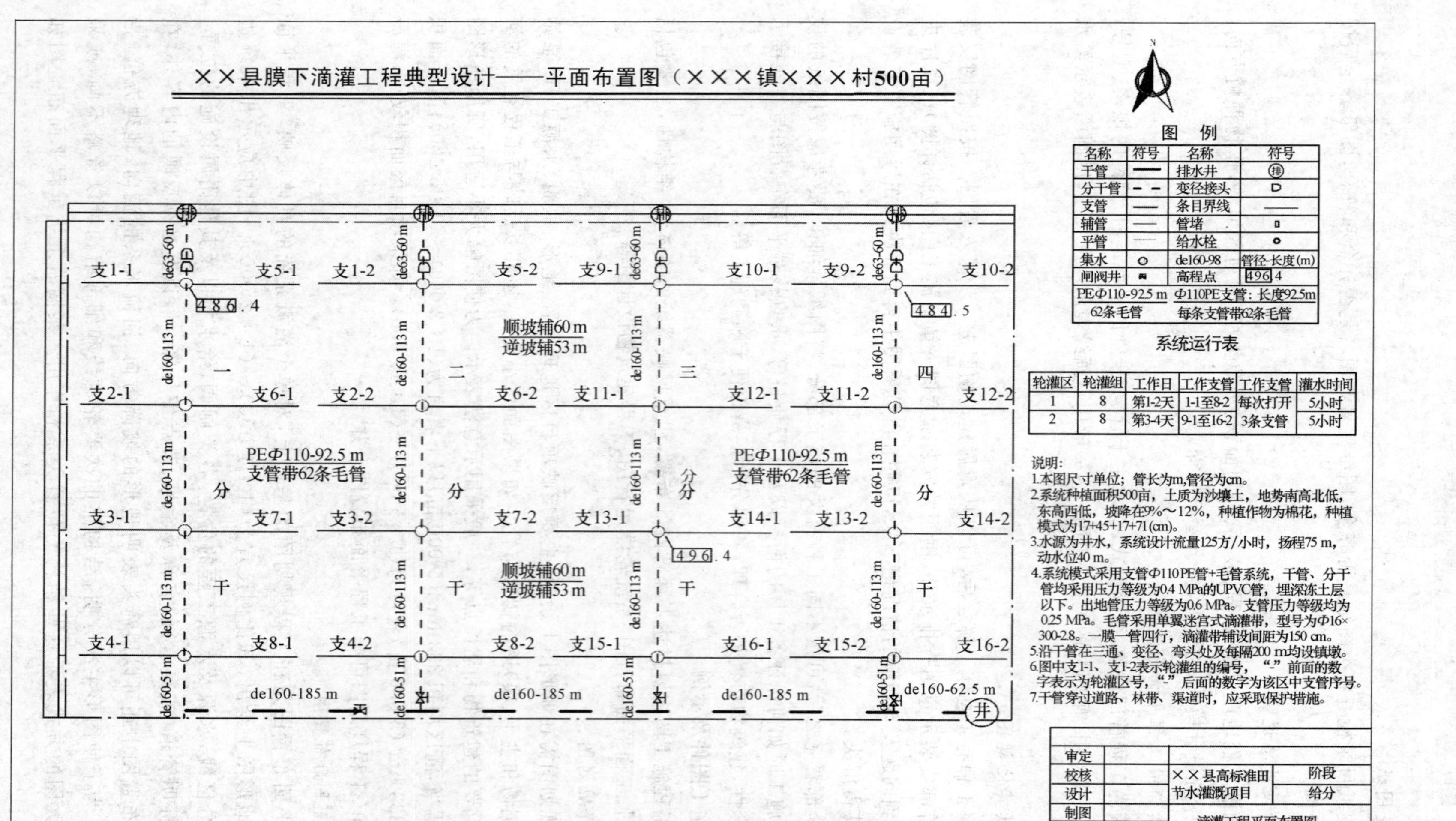

图2-1 滴灌工程平面布置图

在图 2-1 中，主要识读内容：

(1)基本资料：本地块为矩形，南北向宽 450 m，是作物种植方向，东西向长 740 m，机井在东南角。面积 500 亩，地势南高北低，东高西低，坡降在 0.9%～1.2%，种植作物为棉花，种植模式为 17＋45＋17＋71(cm)。

(2)管网布置：本工程管网系统由主干管、分干管、支管、毛管(含灌水器)四级管道组成。主干管、分干管选用 PVC-U 管，工作压力 0.4 MPa，铺设于地下，主干管在地块的最南端，然后沿线向分干管供水；4 条分干管各长 450 m，与主干管垂直。选用 de110 支管，支管单侧长 92.5 m，与分干管垂直。每条支管上带 62 条毛管。根据土壤质地、作物需水特性及毛管布置方式，毛管选用单翼迷宫式滴灌带，内径为 16 mm，壁厚 0.18 mm，额定流量 2.8 L/h，滴头间距 300 mm 的 WDF16/2.8-300 型滴灌带。系统选用潜水泵，额定流量 125 m^3/h，额定扬程 75 m，动水位为 40 m。

3. 系统轮灌运行图

系统轮灌运行图反映系统运行时的轮灌情况，一般包括轮灌图和轮灌表两部分，轮灌图是轮灌表的具体反映，轮灌图中一般包括管道的名称、编号、轮灌组编号、用箭头表示的轮灌方向等内容。图面一般也只包括管网部分，不反映地形、地貌等其他内容。

由管网布置可知系统有 4 条分干管，每条分干管上布设 4 列共 8 条支管。系统采取以下方法运行：运行时同时开启不同分干管上 2 条支管。根据系统及支管流量将系统划分为 16 个轮灌组，按照系统运行说明进行运行。

二、现场勘察

现场勘察目的是确定工程设计图纸与项目区水源、地形地貌、种植作物、首部位置、管网布置是否相符。如存在不符的情况，应及时与设计部门协商，提出合理修改方案，并取得变更设计证明。主要复核以下要点：

项目区地形、尺寸、种植作物、放线是否与图纸一致；

项目区水源位置、电力参数、水源实际供水能力(井水动水位在枯水期的实际流量)是否与设计一致；

首部位置、方向是否与图纸相符；

管线走向是否满足施工要求，管道经过公路、荒地、涵洞等是否合理；

项目区内存在的房屋、渠道、高压线等建筑物是否影响工程施工；

项目区范围内的电缆、光缆、输油管道等隐蔽建筑物的位置和长度是否与设计图纸上一致。

第二节　施工前编制施工组织设计

滴灌施工前应编制施工进度计划和作业计划，制订合理的施工方案、工期安排，合理布置施工场地，优化施工方案，合理安排投资、劳动力组织、施工物资、机械供应，通过科学管理来保证施工质量、降低施工造价、确保施工工期。

一、编制施工进度计划

施工进度计划是施工组织设计的主要组成部分，它规定了工程施工的顺序和速度，是施工项目的时间规划。施工进度计划要明确施工总目标，并根据施工进度开展的要求将总目标进行分解。项目进度计划应建立以项目经理为责任主体，由子项目负责人、计划人员、调度人员、作业人员参加的项目进度控制体系。

施工进度计划大致可以分为以下三个类型：

（一）施工总进度计划

施工总进度计划是针对整个工程项目编制的，是全面、全过程的施工进度计划。在初步设计的施工总进度计划中，要对工程施工进度的可能性与合理性进行论证，并计算出施工强度、主要材料、主要机械设备、劳动力和投资分配等各项指标，以检验施工的均衡性。施工总进度计划的编制程序如图 2-2 所示。

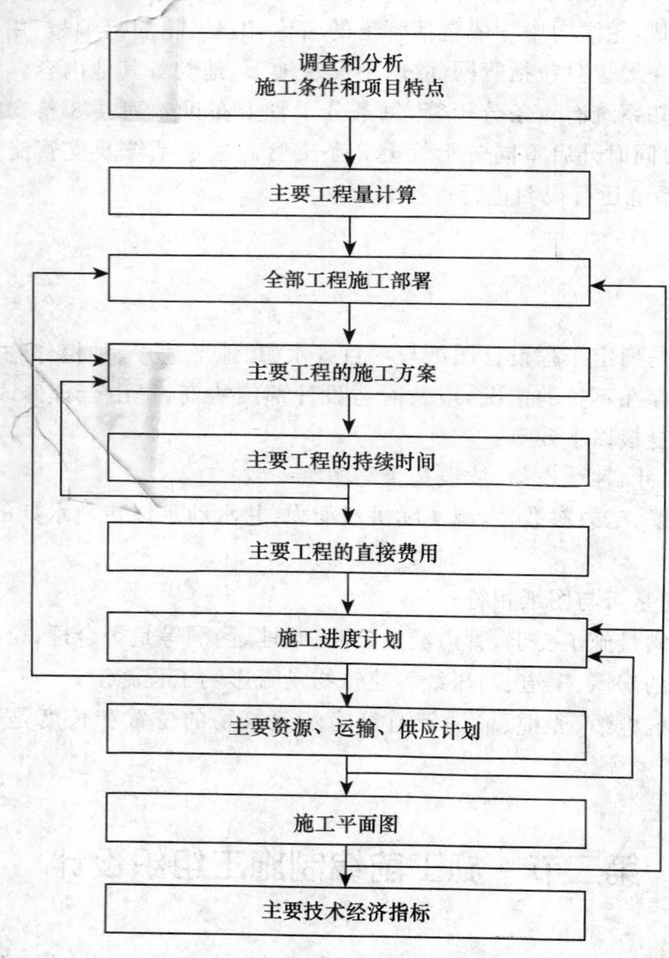

图 2-2　施工总进度计划的编制程序

（二）单位工程进度计划

单位工程进度计划是指一个单项项目工程施工全过程的规划性文件。在单位工程进度计划中，要安排好各工种、各结构部位的施工顺序和起止日期，明确单位工程施工准备工作和施工期限。同时要求从施工顺序、施工方法和技术供应等条件上，进一步论证施工进度的合理性和可靠性，并根据各项工作的依从关系，组织平行流水作业，研究加快施工进度和降低工程成本措施。单位工程进度计划的编制程序如图 2-3 所示。

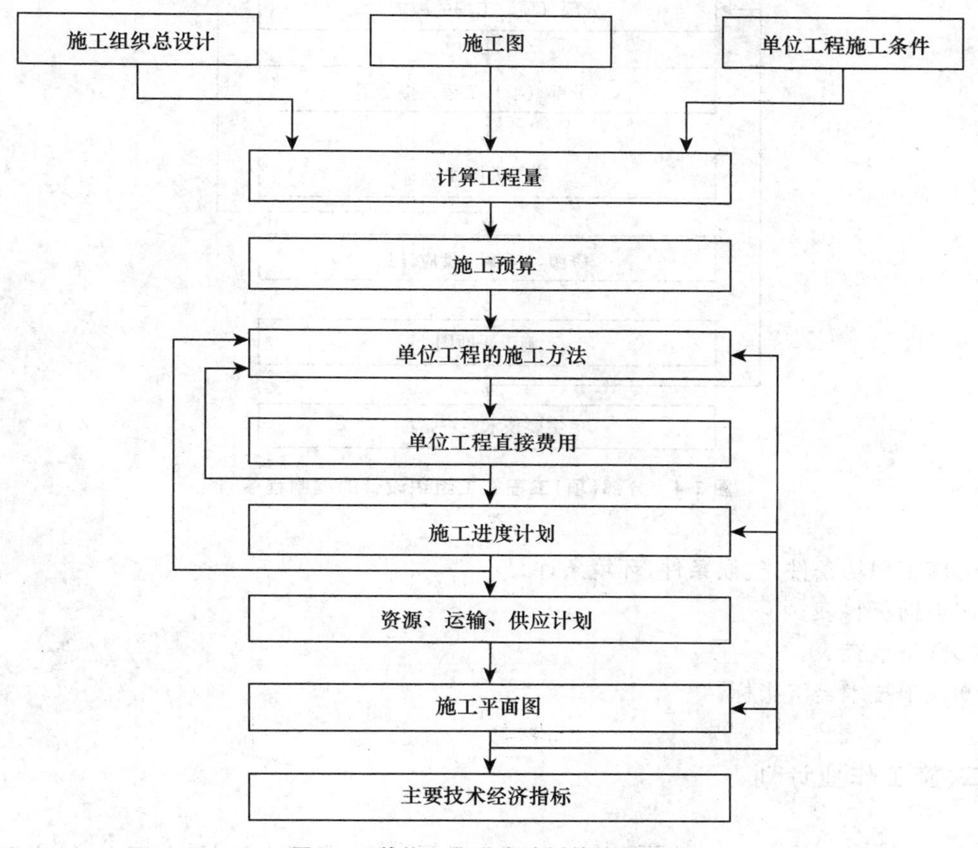

图 2-3　单位工程进度计划的编制程序

（三）分部（项）工程进度计划

这种进度计划通常是针对不同结构部位或不同施工工艺而编制的，是指导基层施工组织（如施工队）施工的作业进度计划。在这种计划中，对一系列工序都做出了具体安排，是指导施工最详细最直接的进度计划文件（图 2-4）。

分部（项）工程进度计划宜依据下列资料编制：

①项目经理管理目标责任书。

②施工总进度计划。

③施工方案。

④主要材料和设备的供应能力。

⑤施工人员的技术资质及劳动效率。

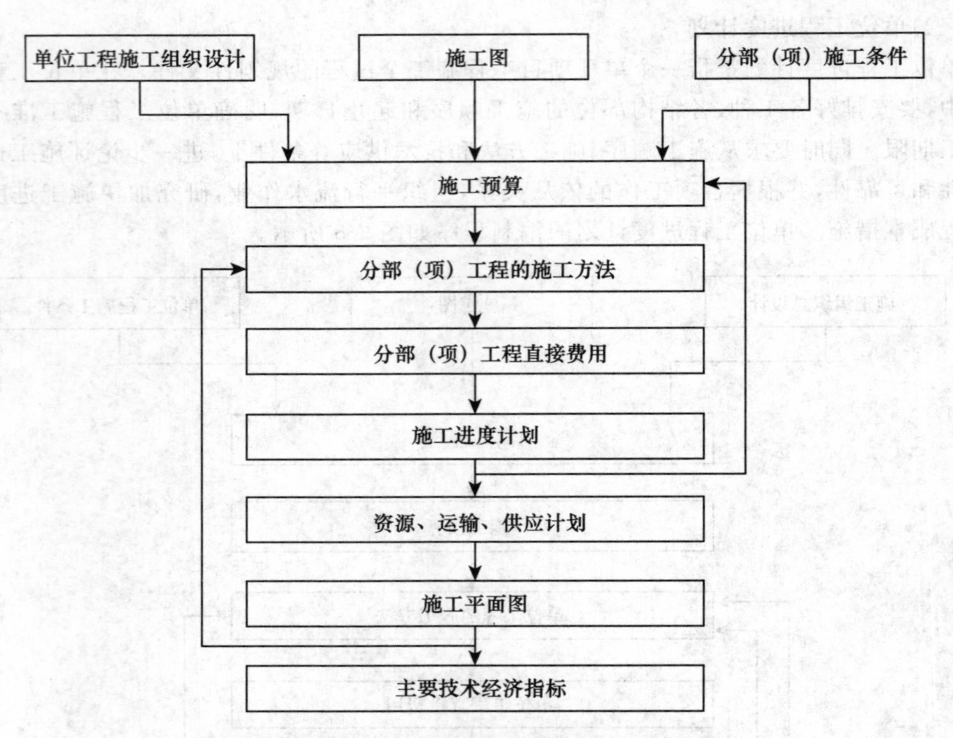

图 2-4　分部(项)工程施工组织设计的编制程序

⑥施工现场条件，气候条件，环境条件。

⑦辅助资料表。

⑧资格审查表。

⑨各项技术经济指标。

二、施工作业计划

施工作业计划是根据施工组织设计和现场具体情况，灵活安排，平衡调度，以确保施工进度和施工单位计划任务实现的具体执行计划。它是施工单位的计划任务、施工进度计划和现场具体情况的综合产物。它是施工调度管理与任务监督的基本依据。施工作业计划有月作业计划、旬作业计划和日作业计划。

施工作业计划一般由以下三部分组成：

(一)施工任务与施工进度

施工作业计划应列出计划期间内应完成的工程项目和实物工程量，开工与竣工日期，进度安排，是编制其他部分的依据。

(二)完成计划任务的资源需要量

是根据计划施工任务所编制的材料、劳动力、机具、预制加工品等需求计划。

(三)提高劳动生产率和降低成本的措施计划

是指在完成相应施工任务所采取的应对措施，采取不同措施确保施工任务顺利完成。

第三节　劳动力组织、施工物资、施工现场准备

一、劳动力组织准备

施工前应根据工程性质，建立施工项目管理机构。按照工期要求，确定各类工程施工人员配置和劳动力数量。

施工项目部管理人员配置：项目经理、技术负责人、质检员、安全员、施工员、材料员、预算员、库房管理等。施工人员根据项目工期、施工量进行合理配置。

施工前应建立健全岗位职责，制定考核制度；应组织施工人员学习施工技术，并进行安全环保、文明施工、职业健康等方面的教育。

二、施工物资准备

根据施工计划和进度，编制施工预算，确定各种物资需要量，制订物资进场时间计划和运输方案。

材料设备进场后，应及时组织卸车，核对材料清单，检查材料规格、数量、质量、配套产品组装配件是否齐全。检查管材及管件的材质、规格、耐压等级是否符合设计，是否具备产品质量合格证、安装使用说明书和出厂质量检测报告。

滴灌常用硬聚氯乙烯管材、阀门、滴灌产品，在运输、装卸、堆放过程中，严禁野蛮装卸，应避免阳光暴晒。若存放期较长，则应放置于棚库内，以防变形和老化。硬聚氯乙烯管材配件堆入时，应放平垫实。

从材料进场到使用安装运行都必须有详细的记录，确定专人负责材料的管理发放，按要求堆放。做到使用有计划，发放有记录，按计划配调货物，不得超设计采购、发放材料。

施工前应根据施工方案安排施工进度，确定施工设备、测量仪器，准备好施工工具。应组织好施工机械，确定施工机械类型、数量和进场时间。

滴灌项目施工中主要机械设备见表 2-1。

表 2-1　滴灌工程施工主要机械设备

序号	设备名称	用途
1	挖掘机	管沟开挖
2	装载机	材料运输
3	运输车辆	设备、材料运输
4	发电机	施工用电
5	打压设备	管道试压
7	测量、放线仪器、水准仪	工程放线、测量

三、施工现场准备

施工前应对施工现场进行全面的了解，制作施工总平面图，做好施工场地控制网测量；

施工前注意做好施工现场的补充勘察，制订永久建筑物和地下隐蔽设施的处理方案和保护措施；

施工前应准备好生产、办公、生活和仓储等临时用房，确定砼加工场地，进行新技术、新材料的试制和试验；

施工前应安装、调试好施工机具，落实冬雨季施工的临时设施和技术措施；

施工前应建立消防、保安等组织机构，制定环境保护措施。

第四节 施工测量放线

施工放线是把图纸上的设计方案"搬"到实际现场的过程，是滴灌工程施工的第一步，施工放线完成后，进入施工安装阶段。施工放线的原则、方法及具体步骤如下。

一、施工测量放线的一般原则

(一)按图施工，尊重设计意图

滴灌设计图纸是滴灌施工放线的依据。全面而详细的技术交底是严格按照设计要求进行施工放线的必要条件。技术交底时，应该向施工人员详细介绍滴灌系统的特点、选用设备的性能和特点，以及施工中应特别注意的问题，以便施工人员在施工放线前对滴灌系统有一个全面的了解。

一般情况下，各级管道的走向、坡向和阀门井的位置均应严格按照设计图纸确定，以保证管网的最佳水力条件和最小管材用量，满足滴灌均匀度和冬季泄水要求。

(二)由整体到局部

施工放线同地形测量一样，必须遵循"由整体到局部"的原则。放线前进行现场踏勘，了解放线区域地形。校核设计图纸与现场实际的差异，确定放线控制点，制订放线方法，准备放线仪器和工具。检查放线控制点与图纸控制点的位置是否相符，如果不相符应对图纸位置进行修正。

二、施工测量放线方法

施工放线主要使用的仪器和工具有以下几种：

(一)钢尺、皮尺或测绳放线方法

该方法简单易行，适合项目区开阔平坦、视线良好的条件下进行，只适合于基线与辅线是直角关系的场合。

(二)经纬仪放线

当滴灌区域的内角不是直角时，可以利用经纬仪进行边界放线。用经纬仪放线需用钢尺、皮尺等进行距离丈量。

(三)平板仪放线

平板仪放线也叫图解法放线。它能同时测定地面点的平面位置和点间高差。平板仪测量时,水平角是用图解法测定的,直线的水平距离可直接丈量或用视距法测定。另外,在必要时,还可以用平板仪增设补充测站点,以弥补解析法所确定的图根点点数之不足。由于平板仪测量具有图解测定地面点平面位置的特点,故又称它为图解测量。目前,平板仪测图已被全站仪和 GPS-RTK 数字化测图所取代。

(四)全站仪放线

全站仪是一种集光、机、电为一体的高技术测量仪器,是集水平角、垂直角、距离(斜距、平距)、高差测量功能于一体的测绘仪器系统。与光学经纬仪比较,全站仪将光学度盘换为光电扫描度盘,将人工光学测微读数代之以自动记录和显示读数,使测角操作简单化,且可避免读数误差的产生。广泛用于地上大型建筑和地下隧道施工等精密工程测量或变形监测领域。

无论采用哪种方法确定滴灌区域的边界,都需要进行图纸与实际的核对。如果两者之间的误差在允许范围内,可直接进行管线定位,并同时进行必要的误差修正。如果误差超出允许范围,应对设计方案作必要的修改,按修改后的方案重新放线。

三、施工放线步骤

滴灌工程施工放线,由监理提供现场测量基准点、基准线和水准点及有关资料。小型滴灌工程可根据设计图纸直接测量放线,大型滴灌工程现场应设测量控制网,并将记录保留到施工完毕。

放线包括首部枢纽和蓄水池的测量,干管、支管的管线测量,做出定位放线简图,做好定位放线记录。

放线应从首部枢纽开始,根据设计图纸确定首部枢纽位置,定出建筑物主轴线、机房轮廓线及干支管进水口位置,标明建筑物设计标高,用经纬仪从干管出水口引出干管轴线后再放支管线,主干管及支管每隔 30～50 m 设一个标桩,三通、弯头、变径、阀井处应加设标桩,地形变化较大地段宜根据地形条件适当增设标桩。管线定位完成之后,确定管沟位置的过程称为沟槽定线。沟槽定线前,应清除沟槽经过路线的所有障碍物,并使用小旗、木桩、石灰等作为标志,依测定的路线定线,进行放线管沟挖掘。

第五节 典型案例:XX 县 666.7 hm^2(10 000 亩)膜下滴灌施工组织设计

一、施工总体布置

(一)工程概况

该工程主要涉及 5 乡(镇)20 村,面积 10 000 亩,分为 10 个滴灌系统。滴灌设备工程主要有:离心+网式过滤器和配套施肥罐10套;PVC管100 000 m,PE管材50 000 m;Φ16滴灌管 7×10^6 m,以及其他配套各类管件。

(二)施工组织机构配置

1.现场人员配制

全方位推行工程项目管理模式,成立××膜下滴灌施工项目经理部。抽调施工经验、敬业爱岗技术人员担任该项目的项目经理。现场人员配制详见表2-2。

表2-2 现场人员配制

序号	姓名	职务	职责
1	王××	项目经理	全面负责项目实施、管理与协调工作
2	魏××	技术负责	全面负责项目施工技术工作;协助项目经理负责项目管理工作
3	李××	质检员	负责工程的质量检测与保证
4	单××	安全员	负责施工安全管理与保证
5	杨××	施工员	负责施工放样、现场施工工作
6	齐××	材料员	全面负责工程材料供应、保管与调配
7	武××	预算员	协助技术负责人进行工程施工技术跟踪服务

2.施工机械设备

为了能够按期、按要求完成此项工程建设任务,在施工建设期,应抽调足够的车辆等机械投入到工程中。现场机械使用详见表2-3。

表2-3 现场机械使用

序号	设备名称	规格型号	数量	进场日期	拟用工程项目	备注
1	水准仪	××-××	2	2016.4.10	工程放线、测量	
2	GPS	××-××	5	2016.4.10	管道定位	
3	通勤车	××-××	2	2016.4.10	项目管理	
4	运输车辆	××-××	5	2016.4.10	材料运输	
5	挖掘机	××-××	6	2016.4.10	管沟开挖	

3.辅助设备

为保障材料能够及时运送到施工现场安装,在施工工地设立临时材料储存仓库一座,在施工高峰期以保障本项工程材料供应。

4.材料供应

材料供应满足合同、国家和有关部门颁发的现行施工技术和质量验收以及相应单项工程质量等级评定标准。本项目使用的材料均由××有限公司提供。

对采购进场的管材、管件先由现场质检员检查验收,验收合格后报请监理工程师进行抽查验收。

二、施工方法及工艺流程

(一)施工准备工作

承建单位对工程的性质、内容、技术要求、周边环境、地质情况等作了认真、充分的研究,进场施工做准备。

1.技术准备工作

(1)组建项目经理部,落实项目施工人员;

(2)认真审阅施工图纸,参加设计交底和图纸会审;

(3)复测控制桩并制订测量方案;

(4)组织工程技术人员熟悉施工图纸,编制详细的施工方案,进行施工技术培训、岗位安全培训等工作。

2.施工准备工作

(1)全面检修进场施工的机械设备,保证施工前设备运转正常;

(2)编制施工计划,安排施工顺序,协调各工序及各专业间的配合工作;

(3)落实相应的专业施工队伍,并进行岗前培训和教育;

(4)做好材料、成品、半成品和工艺设备等的计划安排工作,使之满足连续施工的要求。

3.现场准备工作

(1)实地测量;

(2)确定施工范围,设置施工围蔽,并在围蔽区内按拟订的施工方案进行劳动力组织;

(3)认真熟悉现场的地理位置、工地条件、供水供电状况,以及出入口位置,认真布置贮存物料和施工用的工作面,确定材料、设备和土方运输线路,使之满足现场施工的要求;

(4)组织工程机械设备和材料进场;

(5)落实季节性施工措施。

4.人员及仪器配备

设立测量小组,配备人员5人,仪器配备有2台DL301L经纬仪和5台手持GPS仪,以及塔尺等其他辅助仪器和工具。

(二)施工测量及定位放线

根据图纸上的尺寸、方位,进行高程、尺寸、位置核对,并编制测量放线计划,其精度符合测量技术规范要求。高程控制中提供的高程点复核之后,在不受施工干扰的地方,设置测量管线控制网,管线控制网呈直线控制,施工时先用经纬仪复核管线,埋木桩作为临时控制点。

标高的引测以设立的水准点为依据对各个部位进行标高测距,复核测量用水准仪及塔尺进行,要求尽量减少误差,且在容许范围内同时用其他方法和水准点进行复核。

(三)管沟土方开挖

管沟土方采用机械进行开挖,配备挖掘机;管沟机械开挖时,随时检查挖土深度及其标高,沟槽截面为梯形。生土、熟土要分别堆放。

(四)管沟土方回填

管道安装施工完毕经有关部门验收合格后,进行土方回填,回填土方用原土回填,生土在下，熟土在上，再分层回填、分层核实。

(五)安装工程

1. 首部枢纽安装

电机与水泵安装应按《机电设备安装工程施工及验收规范》中有关规定进行。机泵必须用螺栓固定在混凝土基座或专用机架上。过滤器安装应按输水流向标记安装，不得反向。施肥器应安装在末端过滤器上游。压力表、水表、空气阀等按照设计要求安装。

2. 滴灌 PVC-U 管道安装

安装前，应对规格和尺寸进行复查。管内应保持清洁，不得混入杂物。

(1)PVC-U 管黏接施工黏合剂必须与管道材质相匹配，被黏接的管件、管端应清除污迹，并进行配合检查。管端插入承口的深度应为管外径的 1～1.5 倍。

(2)PVC-U 管套接施工套管与密封橡胶圈规格相匹配，密封圈装入套管内不得扭曲和卷边。插口外缘加工成斜口，涂上润滑剂，对正密封圈插入承口的规定深度。

3. PE 管安装

低密度聚乙烯管连接施工的方法有两种：内插式和外接式。内插式：对管口进行加热，待管口变软后插入连接管件，并用管箍或铁丝扎紧。外接式：将锁母、卡箍、O 形橡胶密封圈依次套在管上，将管插入管件内，用力旋紧锁母。当管径超过 40 mm 时，须使用管钳或专用扳手旋紧锁母。

(六)管道的冲洗与试运行

参照执行 GB/T 50485—2009《微灌工程技术规范》第 9 条管道水压试验和系统试运行相关规定。

三、施工安全及文明施工措施

(一)安全目标

安全目标是：施工中避免一切安全责任事故，在施工中确保人身安全，避免重伤以及人身伤亡事故。把本标段建成“安全生产文明施工的标准化工地”。

(二)安全生产组织机构

在施工中，认真贯彻“安全第一，预防为主”的方针。

(三)安全生产保证措施

树立“安全第一，预防为主”的思想。建立安全保证体系，制定适合本工程的各项安全生产管理制度及各项工作，各工序安全生产操作规程。

(四)文明施工

开展文明施工，创建优质、安全、文明的施工工地，进一步强化管理，提高经济效益，根据国有和地方政府关于创建文明工地的有关精神，结合实际，制定文明施工管理办法。

工程竣工后，应在规定期限内拆除工地围栏、安全防护设施和其他临时设施，彻底清除施工造成的垃圾杂物，达到场地清洁，恢复原地貌，做到文明撤离。

四、施工进度计划

(一)主要控制工期

1.主要控制工期

2016 年××月××日正式开工。

2016 年××月××日完成本工程。

2.总工期

本工程自 2016 年××月××日正式开工,至 2016 年××月××日工程竣工,施工期总天数××天(日)。

(二)施工安排

1.本标段施工的特点

工程项目覆盖范围广,场面分散,施工主要利用播种季节当地劳动力资源进行滴灌带的铺设。

2.施工场面安排

该项目区根据各单项工程情况,在位于工程的中心位置的乡(镇)设项目部。

3.工期安排

将于 2016 年××月××日前进场,做开工前准备(包括施工用水、电、路等),接受业主、设计方技术交底,图纸会审,了解施工环境,熟悉控制点、水准点。2016 年××月××日开工,各单项工程按计划开始施工。

第三章　首部工程施工

滴灌首部工程施工包括水源工程(管井工程、沉淀池工程)、泵房工程、水泵安装工程、过滤施肥装置安装工程、测量仪表及保护控制设备安装工程、电力设施安装工程等(图 3-1)。

(a) 水源工程

(b) 水源

(c) 泵房

图 3-1　滴灌首部工程

第一节　管井工程

滴灌工程选用地下水作为灌溉水源,管井的出水量决定了灌溉面积,并且各级输水管网都从管井引水到田间进行灌溉。管井是一种直径较小、深度较大,由钢管、铸铁管、混凝土管或塑料管等管材加固而成的集水建筑物。管井工程的设计、施工及验收除应符合《管井技术规范》(GB 50296—2014)外,尚应符合国家现行有关标准的规定。

滴灌工程常见管井的结构包括井口、井壁管、过滤器和沉淀管。管井接近地表的部分称为井口,也称井头。井口要有足够的坚固性和稳定性,以防因承受水泵和泵管等的重量和抽水震动引起地面沉陷。井管要高出泵房地板 300～500 mm,以便于加套一段直径略大于井管外径的钢管或铸铁护管。井口在机具安装完成之后,要加护盖封好,以防杂物落入井中。井壁管是井口以下至过滤器之间的一段井柱。井壁管安装在非含水层处,本身不进水,应采用各种密实的井管加固。如果井身所在部位的岩层是坚固稳定的,也可不用井管加固。但如果要求隔离有害的和不开采的含水层时,则仍需下入井管,并在管外用封闭物止水。为防井壁管坍塌,还要求井管要有足够强度。过滤器是管井的心脏部分,要有足够的强度和良好的透水性。过滤器安装在含水层的采水段,与井壁管一起构成管柱,垂直安装在井孔当中。过滤器的安装位置应根据水文地质条件确定,如含水层集中,可安装一整段;如数层含水层之间相隔较远时,则过滤器要对应含水层分段安装。滤水管的长度应根据含水层厚度来确定。沉淀管安装在过滤器的下端,为抽水过程随水带进井内的沙粒留出沉淀的空间,以备定期清理。沉淀管长度主要是根据井深和含水层性质确定。松散地区的管井，浅井沉淀管为2～4 m，深井沉淀管为4～8 m，基岩中的管井沉淀管一般为2～4 m。

管井工程施工包括施工准备、钻机安装、钻进工艺、采样及地层编录、疏孔、井管安装、管井过滤器选择、滤料回填、管外封闭、洗井和抽水试验、成井验收等。

一、施工准备

(1)严格执行技术操作规程，预防事故发生。

(2)施工现场做到路通、水通、电通，施工场地平整。

(3)试钻前按质量要求，检查钻井设备各零部件。

(4)开挖泥浆循环系统的泥浆池和沉淀池，容积满足施工储浆和沉沙的要求。

(5)按设计要求拉运管井施工所需管材、滤料、黏土、黏土球及其他物料到现场库房保存。

二、钻机及附属配套设备的安装

钻机及附属配套设备的安装应做到基础坚实、安装平稳、连接牢固、布局合理、便于操作。钻机与地上及地下重要建筑物及设施应保持足够的安全距离，并符合有关行业施工现场的规定。

三、钻井工艺

钻井工艺包括钻进方法、冲洗介质、护壁方法、泥浆质量、井孔防斜及事故预防等。

(一)钻进方法

滴灌工程管井井孔钻进方式分为冲击钻进和回转钻进两种。冲击钻进是借助一定重量的钻头，在一定高度内周期地挤压泥土、冲击井底，从而获得进尺。在每次冲击后，钻头在钢丝绳带动下回转一定角度，从而使钻孔得到规整的圆形断面。破碎的岩屑泥土与水混合形成泥浆，当泥浆达到一定浓度后即停止冲击，利用掏沙桶将泥浆掏出，同时补充一些新鲜液体。冲击钻机都是安装在汽车或拖车上的，设备轻便搬运方便，操作简单，钻进成本低。它适用于土层、沙层、砾石层、卵石、飘石等松散底层，在大卵石、飘石地层钻进效率高。回转钻进是在动力机带动下，通过钻机的转盘驱动钻杆和钻头在孔底回转，对地层进行切削和研磨成孔。适用于各种土质、沙、沙砾和岩石层，在松散的沙土层及坚硬的基岩中钻进效率很高。回转钻进分为正循环钻进和反循环钻进两种。

(二)冲洗介质

根据水文地质条件和施工情况等因素合理选用冲洗介质，在黏土或稳定地层，采用清水；在松散、破碎地层，采用泥浆。

(三)护壁方法

松散层钻进采用水压护壁时，孔内宜有3 m以上的水头压力；采用泥浆护壁时，孔内泥浆面距地面宜小于0.5 m。基岩顶部的松散层，采用套管护壁。成井过程中设置的护口管，要保证在管井施工过程中不松动，井口不坍塌。

（四）泥浆质量

泥浆循环系统的泥浆池和沉沙池的容积，应满足施工储浆和沉沙的要求。泥浆槽的长度宜在 15 m 以上。一般地层泥浆相对密度应为 1.1～1.2，遇到高压含水层或宜塌陷地层，泥浆相对密度可酌情加大。砾石、粗沙、中沙含水层泥浆黏度为 18～22 s；细沙、粉沙含水层为 16～18 s。冲击钻进时，孔内泥浆含沙量不应大于 8%，胶体率不应低于 70%；回转钻进时，孔内泥浆含沙量不大于 12%，胶体率不低于 80%。井孔较深时，胶体率适当提高。

（五）井孔防斜

井身直径，不得小于设计井径。小于或等于 100 m 的井段，顶角倾斜不超过 1.0°；大于 100 m 的井段，每 100 m 顶角倾斜的递增速度不超过 1.5°。井段的顶角和方位角不得有突变。钻进时合理选用钻进参数，必要时安装钻铤和导正器。发现有孔斜征兆时应及时纠正。钻具的弯曲、磨损要定时检查，不合格不使用。

（六）事故预防

停钻期间，将钻具提升至安全孔段位置，并定时循环或搅动孔内泥浆，泥浆漏失要随时补充。如孔内发生故障，视具体情况调整泥浆指标或提出钻具。

四、采样及地层编录

管井地层岩性的划分，应根据水文物探测井资料及钻进岩屑、土质综合分析确定。当无水文物探测井资料时，应按下列规定采取土样和岩样。

（1）松散层宜采鉴别样，每层应至少取土样一个。冲击钻进时，可用抽桶或钻头取鉴别样；回转无岩心钻进时，可在井口冲洗液中捞取鉴别样，所采鉴别样应准确反映原有地层的埋深、岩性、结构及颗粒组成。

（2）采岩芯的基岩层，完整基岩岩芯采取率不应小于 70%；构造破碎带、岩溶带和风化带岩芯采取率不应小于 30%。

（3）土样和岩样按地层顺序存放，及时描述和编录。土样和岩样应保存至工程验收，必要时可延长存放时间。

（4）土样和岩样的描述，应符合表 3-1 规定。

表 3-1 土样和岩样的描述

类别	描述内容
碎石土类	名称、岩性、磨圆度、分选性、粒度、胶结情况和充填物（沙、黏性土的含量）
沙土类	名称、颜色、矿物成分、分选性、胶结情况和包含物
黏性土类	名称、颜色、湿度、有机物含量、可塑性和包含物
岩石类	名称、颜色、矿物成分、结构、构造、胶结物、化石、岩脉、包裹物、风化程度、裂隙性质、裂隙和岩溶发育程度及其填充情况

（5）松散层中的深井、地下水质和地层复杂的井、全面钻进的基岩井，应进行物探测井，并应校正含水层位置、厚度和分析地下水矿化度。

五、疏孔、换浆和试孔

(1)松散层中的井孔,终孔后应用疏孔器疏孔,疏孔器外径与设计井孔直径相适应,长度宜为 6～8 m,达到上下畅通。

(2)泥浆护壁的井孔,除高压自流水层外,用比原钻头直径大 10～20 mm 的疏孔钻头扫孔,破除附着在开采层孔壁上的泥皮。孔底沉淀物排净后,及时转入换浆,送入孔内泥浆逐渐由稠变稀,不得突变。泥浆相对密度应小于 1.1,出孔泥浆与入孔泥浆性能应接近一致,孔口捞取泥浆样应达到无粉沙沉淀的要求。

(3)下井管前校正孔径、孔深和测斜,孔径不得小于设计孔径 20 mm;孔深偏差不得超过设计孔深的±0.2%。

六、井管类型

井管包括井壁管、滤水管和沉淀管,一般将井壁管和沉淀管统称为实管,滤水管称为花管。滤水管一般在同类型井壁管基础上设计和加工而成。井管应符合《机井井管标准》SL 154—2013 规范外,尚应符合国家现行有关标准的规定。

(一)井管分类

井管的种类很多,分类方法有以下几种。

井管按用途可分为:井壁管、过滤管和沉淀管。

井管按材质可分为:混凝土类井管、钢制井管、球墨铸铁井管和 PVC-U 井管等。

混凝土类井管可分为:无沙混凝土井管、混凝土井管、钢筋混凝土井管。

钢制井壁管可分为:无缝钢井壁管、螺旋焊接钢井壁管、直缝焊接钢井壁管。

钢制过滤管可分为:钢制穿孔缠丝过滤管、桥式过滤管和全焊 V 形缠丝过滤管等。

井管的连接方式可分为:平口对接、平口焊接、帮筋对口焊接、加箍对口焊接、承插口连接和丝扣连接等。

(二)常用井管

1. 钢管

钢管可分焊接钢管和无缝钢管。焊接钢管又分为直缝对接焊和螺旋缝焊,其中螺旋缝钢管应用较为普遍。无缝钢管目前多用于 400 m 以下的深井。钢管的极限抗拉强度可达 320～400 MPa。质量要求:弯曲偏差不大于±0.1%;外径公差,无缝钢管不大于±(1%～1.5%),焊接钢管不大于±2%。钢管的优点是机械强度高,规格尺寸标准统一,施工安装方便且成井较易,但容易锈蚀,使用寿命较短,而且价格高。表 3-2 为钢制井壁管规格尺寸。

表 3-2 钢制井壁管规格尺寸

(摘自 SL154—2013 机井井管标准) mm

无缝钢管			焊接钢管		
公称直径	外直径	壁厚	公称直径	外直径	壁厚
140	140(139.7)	7.5	140	139.7	8
168	168(168.3)	8	168	168.3	8

续表 3-2

无缝钢管			焊接钢管		
公称直径	外直径	壁厚	公称直径	外直径	壁厚
219	219(219.1)	9	219	219.1	8.8
273	273	10	273	273.1	10
299	299[a](298.5)	10	—	—	—
325	325(323.9)	10	325	323.9	10
340[a]	340[a](339.7)	11	—	—	—
356	356(355.6)	11	356	355.6	11
377[a]	377[a]	11			
406	406(406.4)	11	406	406.4	11

注:1. 无缝钢制井壁管规格尺寸参照 GB/T 17395;焊接钢管规格尺寸参照 GB/T 21835。

2. 括号内尺寸为相应的 ISO 4200 的规格,与焊接钢管的公称直径一致。

a. 非通用系列。

2. 铸铁管

铸铁管多采用 HT15-32 号铸铁铸成,其极限抗拉强度约为 150 MPa。对其质量要求是:管内径偏差不超过±3 mm,厚壁偏差不超过±2.5 mm,长度偏差不超过±2.0 mm,弯曲偏差不大于 0.2%。铸铁管比钢管耐腐蚀,使用寿命较长,抗拉抗压强度高,但性脆,抗剪和抗冲击强度低,管壁较钢管厚,自重较大,故适用深度较钢管小,一般适用于井深 200~400 m 的水井,而且造价也较高。表 3-3 为球墨铸铁井管规格尺寸。

表 3-3　球墨铸铁井管规格尺寸

(摘自 SL 154—2013 机井井管标准)

公称直径/mm	外直径/mm	壁厚/mm	管体长度/mm	实头长度 mm	实头长度 mm	缠丝直径/mm	开孔率/%
150	170	6.0	5 950	280	200	2.8	15~25
200	222	6.3	5 950	280	200	2.8	15~25
250	274	6.8	5 950	280	200	2.8	15~25
300	326	7.2	5 950	280	200	2.8	15~25
350	378	7.7	5 950	280	200	2.8	15~25
400	429	8.1	5 950	280	200	2.8	15~25
450	480	8.6	5 950	280	200	2.8	15~25
500	532	9.0	5 950	280	200	2.8	15~25

注:1. 管长可根据用户要求调整。

2. 壁厚级别为 K9 级。

3. 混凝土井管和钢筋混凝土井管

混凝土井管适用于井深小于 100 m 的浅管井,一般井壁管不加构造钢筋的管长 1 m,加构造筋的管长 2~3 m,井壁管外径一般为 300~500 mm,壁厚为 30~50 mm。滤水管采用圆孔或条孔，加竹片、镀锌铁丝绑扎固定，采用托盘法下管。钢筋混凝土井管适用于中、深管井，下管深度可达 400 m。按应力标准配置钢筋，允许承受压应力、拉应力和弯矩，因此其强度比混凝土井管高，而且造价比金属管材便宜。混凝土管的优点是耐腐蚀，取材容易，成本低，适用于浅管井。缺点是机械强度较低，自重大，单根长度小，接头多且接头质量难保证、下管安装麻烦。钢筋混凝土管的优点是耐腐蚀，具有一定的机械强度，适用于中、深管井。缺点是井壁较铸铁管厚，重量较大，施工安装较复杂。表 3-4 为混凝土管规格尺寸，表 3-5 为钢筋混凝土管规格尺寸。

表 3-4　混凝土井管规格尺寸

（摘自 SL 154—2013 机井井管标准）

公称直径/mm	内直径/mm	壁厚/mm	管体长度/mm	实头长度/mm	过滤管开孔率/%
250	250	30	1 000	150	≥12
300	300	35	1 000	150	≥12
350	350	40	1 000	150	≥12
400	400	40	1 000	150	≥12
450	450	40	1 000	150	≥12

表 3-5　钢筋混凝土井管规格尺寸

（摘自 SL 154—2013 机井井管标准）

公称直径/mm	内直径/mm	壁厚/mm	管体长度/mm	实头长度/mm	过滤管开孔率/%	下管方法
200(190)	200(190)	30	2 000～4 000	200	≥15	托盘法
250(240)	250(240)	30	2 000～4 000	200	≥15	
300(286)	300(286)	32	2 000～4 000	200	≥15	
350(330)	350(330)	35	2 000～4 000	200	≥15	
200(190)	200(190)	30	3 000～4 000	300	≥15	悬吊法
250(240)	250(240)	30	3 000～4 000	300	≥15	
300(286)	300(286)	32	3 000～4 000	300	≥15	
350(330)	350(330)	35	3 000～4 000	300	≥15	

注：1. 括号内的规格为整体脱模生产工艺生产的井管。

2. 悬吊法下管的井管接口钢箍宽度 60 mm，厚 6 mm，加浮板下管的井管接口钢箍宽度 60 mm，厚 8 mm。

4. 塑料井管

塑料井管分为聚氯乙烯井管、聚丙烯井管和改性聚丙烯井管。目前的塑料井管主要是硬质聚氯乙烯管。塑料井管是目前我国用量增长很快的一种新型水井管材，具有下述性能特点。

(1)管材轻,利于运输与安装施工。塑料管的自重是钢管、铸铁管和钢筋混凝土管的24%、15%和18%。

(2)下管时间短,利于成井。塑料井管一般每节长 6 m,与其他管材相比,可以减少接口次数 1/3。

(3)抗腐蚀、延长机井使用寿命,同时也完全避免了管材对井水的二次污染。

(4)塑料井管与其他井管相比,其力学性能差。这一点限制了塑料井管在深井上的使用,目前我国塑料井管一般深度不超过 100 m,但也有少数地区塑料管井的深度达到了 300 m。

(5)热稳定性能差,线膨胀系数大。一般温度超过 60℃时,强度将大为降低,在低温下又易变脆。因此,塑料井管在储存、运输、使用中应注意其温度适应范围。

PVC-U 井管规格尺寸应符合表 3-6。

表 3-6 PVC-U 井管规格尺寸

(摘自 SL 154—2013 机井井管标准)

公称直径/mm	内直径/mm	壁厚/mm	过滤管开孔率/%	井壁管长度 L/mm	过滤管长度 L/mm	螺纹长度 L_2/mm
160	160	7.7	4～15	3 000[a] 或 6 000[a]	3 200[a]	120
200	200	9.6	4～15			
250	250	11.9	4～15			
280	280	13.4	4～15			
315	315	15.0	4～15			
400	400	19.1	4～15			

注:过滤管开孔形式可为圆孔,条孔可平行于管轴线,也可垂直于管轴线;

a. 井管长度 L,可根据用户或生产需要调整。

七、井管安装

井管安装简称下管,是成井工艺中最重要最关键的一道工序,直接影响到成井的质量。下管前,要进行井管质量检查,编号排列,并选择合适的下管方法。

下管方法应根据井深、管材类型、管材强度与重量以及起吊设备条件等来进行选择。井管在井孔中的重量小于管材允许抗拉强度和钻机安全负荷时,可用悬吊法下管;当井管重量大于钻机安全负荷时,可采用提吊浮板法或多次下管法;井管在井孔中的重量超过管材允许抗拉强度时,可采用钢丝绳托盘法下管;当小于钻机安全负荷时,可用钻杆托盘法下管。

井管的连接做到对正接直、封闭严密,接头处的强度满足下管安全和成井质量的要求。采用填砾过滤器的管井,井管应位于井孔中心。下井管时应安装井管找正器,其外径比井孔直径小 30～50 mm。根据井深和井管类型确定找正器的数量,宜间隔 3～20 m 安装一组，每眼井至少安装2组。无沙混凝土管与混凝土管井，找正器的数量应适当增加。沉淀管应封底，井管底部坐落在坚实的基础上，当松散层下部已钻进而不用时，应用卵石或碎石填实。

八、管井过滤器结构类型与选择

管井过滤器包括滤水管、垫筋、缠丝、包网、滤料，应由耐腐蚀或不易产生沉淀、淤堵、结垢的材料组成，尽可能延长使用年限。在可能条件下，过滤器要具有最大的滤水面积，使进水阻力最小，在入管流速允许范围内，以提高单井出水量。为有效地防止涌沙，滤水管孔隙尺寸应与滤料颗粒直径以及含水层颗粒直径相适应。同时过滤器必须具有合理的强度，并要求制作容易，造价经济。

管井过滤器的结构类型繁多，大致可分为填砾过滤器与非填砾过滤器两大类。填砾过滤器优点很多，适用于各种含水层，防沙滤水效果好，还能增大管井的出水量，因此滴灌系统的管井常为填砾过滤器。常见的填砾过滤器可分为穿孔过滤器、缠丝过滤器和桥式过滤器。

穿孔过滤器是在管壁上加工或预制圆孔或条孔而成的滤水管。圆孔的优点是简单易行，其缺点是易于堵塞和阻力较大，同时对管材强度的影响也较大；条孔过滤器基本可以弥补圆孔过滤器的缺点，故得到广泛的应用。穿孔过滤器圆孔直径或条孔宽度应根据滤料的粒度、进入阻力大小等因素确定。开孔率指井管开孔面积与相应的井管表面的比值，是衡量过滤器性质与质量的重要指标。不同管材的开孔率见表3-7。

表3-7　不同管材开孔率

管材	钢管	铸铁管	钢筋混凝土管	塑料管	混凝土管
开孔率/%	25～30	20～25	≥15	≥12	≥12

缠丝过滤器是在钢筋骨架过滤管或钢制穿孔过滤管外缠绕2～3 mm的镀锌铁丝。钢筋骨架缠丝过滤管是由用V形绕丝和V形筋条（或圆形筋条）在每个交叉点处焊接而成，又叫全焊V形缠丝过滤管，铁丝缠绕在外周构成滤水缝隙，钢筋骨架和缠丝必须点焊在钢筋支架上，将钢筋与缠丝构成整体，结构坚固、孔隙率高、缝隙尺寸精确，又可增大强度，滤水管的开口面积大，过滤面积比例高，较大的过滤面积可以相对减小水流渗入时的压力，可以避免沙粒在较大水压下进入井管，从而减少沙粒与设备的摩擦，降低磨损，提高了设备的使用寿命，特别适用于水井的细沙和粉沙地层。

表3-8为全焊V形缠丝过滤管规格尺寸，表3-9为钢制穿孔缠丝过滤管规格尺寸。

桥式过滤管由钢管冲压或钢板冲压焊接而成，冲出壁外部呈“桥式”，立缝为进水孔。桥式过滤器的特点是：有较大的径向抗压强度；有效地阻挡含水层颗粒进入井中；有效阻挡地下水流方向，增加渗透路径，减少地下水流速。根据含水层颗粒直径大小选用“桥孔”规格，可不包网，施工方便。桥式过滤器常用规格尺寸见表3-10。

表 3-8　全焊 V 形缠丝过滤管规格尺寸

（摘自 SL 154—2013 机井井管标准）

公称直径/mm	外直径/mm	壁厚 δ/mm	开孔率/%	缠丝间距/mm	实头长度/mm
159	159	5～7	15～30	0.3～0.75	50～300
219	219	5～7	15～30	0.3～0.75	50～300
245	245	5～7	15～30	0.3～0.75	50～300
273	273	5～7	15～30	0.3～0.75	50～300
325	325	5～7	15～30	0.3～1.5	50～300
377	377	5～7	15～30	0.3～1.5	50～300
426	426	5～7	15～30	0.75～2.0	50～300
529	529	5～7	15～30	0.75～2.5	50～300
630	630	5～7	15～30	0.75～2.5	50～300

注：全焊 V 形缠丝过滤管所用条筋的断面面积应大于缠丝截面面积。

表 3-9　钢制穿孔缠丝过滤管规格尺寸

（摘自 SL 154—2013 机井井管标准）

公称直径/mm	外直径/mm	缠丝直径/mm	实头长度/mm	开孔率/%
140	140(139.7)	2.2	80～190	15～30
168	168(168.3)	2.2	100～210	15～30
219	219(219.1)	2.2	100～210	15～30
273	273	2.2	100～210	15～30
299	299[a](298.5)	2.2	120～230	15～30
325	325(323.9)	2.8	120～300	15～30
340a	340[a](339.7)	2.8	120～300	15～30
356	356(355.6)	2.8	150～400	15～30
377[a]	377[a]	2.8	150～400	15～30
406	406(406.4)	2.8	150～400	15～30

注：括号内尺寸为相应的 ISO 4200 的规格，与焊接钢管的公称直径一致。

a. 非通用系列。

表 3-10　桥式过滤管常用规格尺寸

（摘自 SL 154—2013 机井井管标准）

公称直径/mm	外直径/mm	壁厚/mm	开孔率/%	实头长度/mm
140	140	5、6	6～14	70(280)
168	168	5、6	6～14	70(280)
219	219	5、6	6～14	70(280)
273	273	5、6、8	6～14	70(400)
299	299	5、6、8	6～14	70(400)
325	325	5、6、8	6～14	70(400)
340	340	5、6、8	6～14	70(400)
356	356	5、6、8	6～14	70(400)
406	406	5、6、8	6～14	70(400)

九、滤料回填

填砾过滤器井管安装后，应根据以下要求及时进行填砾。填砾指在井孔含水层与滤水管之间的环状间隙填入砾石或粗沙。填砾的主要作用是固定井管，保证管井安全运行。滤料可起到拦沙滤水作用，保证成井质量，延长管井使用寿命。

（一）砾料的选择

1. 砾料的选择

作为滤料的砾石，必须质地坚硬，磨圆度好，具有较好的渗透力和阻挡沙粒的能力，不易因化学作用而遭到腐蚀破坏。尽可能选用石英砂砾石，长石次之。如必须采用石灰石时，则应采用硅质含量高者。

2. 砾料均匀度

从透水性角度考虑，均匀砾料大于混合砾料。检查粒径大小是否均匀，不合格的颗粒含量不得超过 15%。

3. 砾料直径

选择砾料的直径应根据含水层颗粒分析的结果来确定，必须按照设计要求。当砾料直径是含水层沙粒标准直径的 8～10 倍时，能有效起到挡沙且不影响水井出水量的作用。

（二）填砾高度与厚度

填砾过滤器多由人工回填规格滤料，往往很难填实。为补充在洗井和抽水试验过程中滤料沉实下移，要求适当增加填砾高度，一般要求滤水管的上端多填 8 m 以上，为防止滤水管下端涌沙，底部宜低于滤水管下端 2 m 以上。

只要砾石直径与砂样直径选择合适，填砾最小厚度相当于砂样标准粒径的 2～3 倍厚度时，就足够阻挡沙粒。中、粗沙含水层，填砾厚度大于 100 mm；粉、细沙含水层，填砾厚度大于 150 mm。

(三)填砾方法

一般采用循环水填砾或静水填砾，以循环水填入滤料为好。无论采用哪种方法回填滤料，均应沿井管周围连续的均匀缓慢填入，速度不宜太快。若滤料中途受阻，不许摇动或强力提动井管，可用小掏桶或活塞下入井管内慢慢上下提动，直至滤料下沉为止。回填滤料要用计量容器计量，及时与计划数量校对。

十、管外封闭

(一)封闭前的准备

封闭前，按照管井施工图设计的封闭深度，计算出需要填入的封闭料的数量。实际准备的数量，要比计划数量多25%～30%。

(二)封闭材料

1.黏土快

宜采用天然杂质少的优质黏土，其含沙量不应大于5%，含水量为18%～20%，黏土块最大直径不应大于50 mm。它适用于要求封闭程度不高的孔段使用。

2.黏土球

采用上述优质黏土，经过人工浸泡拌和，制成直径25～30 mm黏土球。黏土球必须揉实风干，风干后表面无裂纹，内部湿润，含水量为20%左右。它适用于要求封闭程度较高的孔段使用。

3.水泥砂浆和水泥浆

一般采用325-425号普通硅酸盐水泥或其他水泥。它适用于水井的永久性封闭，如严格封闭不良含水层段或有特殊要求处理的孔段使用。

(三)封闭方法

封闭材料的填入方法与填砾方法相同。为保证将黏土球填至计划位置，必须弄清黏土球在泥浆中的崩解时间。投入前，先取孔内泥浆进行崩解时间试验，一般要求黏土球的崩解时间等于黏土球下沉至预定位置所需时间再加0.5 h。水泥砂浆或水泥浆封闭的一般方法是将钻杆下至拟封闭的位置，然后用泥浆泵将水泥浆泵入，待水泥凝固后就达到了永久封闭的目的。

十一、洗井和试验抽水

(一)洗井目的

洗井的目的是为了清除井内沉淀的泥沙岩屑、泥浆和井孔壁上的泥浆皮，冲洗渗入到含水层中的泥浆，抽出含水沙层中的细小颗粒，以便在滤水管的周围形成由粗到细的良好的拦沙天然滤水层，以增大滤水管周围的渗透能力和进水能力，从而使井能够得到最大的出水量。

(二)洗井方法

常用的洗井方法有活塞洗井、空压机洗井、二氧化碳洗井、化学药剂洗井等。

活塞洗井是借助钻杆的压力下降时，将井水从滤水管处压出，对孔壁上的泥皮和含水层产生冲击。当活塞上提时，又在活塞下部形成负压，含水层中的地下水急速涌向井内，冲破井壁上的泥皮并将含水层中的细小沙粒带入井内。如此反复升降活塞，就会在短时间内将孔壁泥皮全部破坏，并将渗入到含水层中的泥浆抽出。活塞洗井主要适用于钢管井和铸铁管井。其他管井应视井管内壁光滑程度和连接质量，有条件的尽量采用。

空气机洗井是指利用空气压缩机和专门设备进行洗井的一种方法，具有洗井速度快、效果好的优点，一般适用于深井，以便清洗较深孔段的泥浆和含水层中的细沙。利用空气压缩机进行洗井是在钻杆下部连接一个风管，利用钻杆将风管下到滤水管部位，将由空压机产生的压缩空气通入钻杆，则由喷嘴喷出的压缩空气与井水混合后形成汽水混合物，汽水混合物冲出滤水管，在管外呈涡旋流动，使砾料产生扰动，从而破坏井壁上的泥皮。洗井过程中，可上下移动钻杆，直到将整个含水层都冲涮到为止。冲洗应至上而下或自下而上分段进行。洗井可用正冲洗和反冲洗两种作业方法：①正冲洗：风、水管必须同时下入，并使水管低端超出风管低端 2 m 左右。②反冲洗：不下水管只下风管。如风、水管同时下入，则应先使风管低端超过水管低端 1～2 m，以便反吹。清洗泥浆时，风管必须上提，使其低端高于水管低端 2 m 左右。

二氧化碳洗井是利用液态二氧化碳气化时体积大量膨胀而产生巨大气压的原理，类似于爆炸所产生的冲击波。其具体方法是将高压液态的二氧化碳通过钻杆送入井底，则从钻杆低端喷出的液态二氧化碳遇水吸热后汽化，形成气水混合物。因其体积迅速膨胀，可形成井喷。在高速水流带动下，地下水携带含水层中的细小泥沙物质快速涌入井内，并随水喷出井外。当喷出的水变清，含沙量较少时，即可认为洗井达到要求。使用此方法洗井速度快、效果佳，适用于基岩中的管井和含水层或滤水管堵塞的早期井。输送二氧化碳所用的钻杆下入井孔的深度，在基岩地层洗井应根据含水层埋深决定；在松散地层中洗井，输送钻杆的下口一般放到过滤器以下部位。

（三）试验抽水

为了确定井的实际出水量，应在洗井结束后，进行抽水试验。抽水试验时的出水量不宜小于设计出水量，如限于设备条件不能满足要求时，亦不应低于设计出水量的 75%。抽水试验时的水位和出水量应连续进行观测，水位稳定延续时间不应少于 8 h。管井出水量和动水位应按稳定值确定。抽水试验终止前，应采取水样，进行水质分析与含沙量的确定。

十二、成井验收

管井竣工后，应由设计、施工及使用单位的代表，在现场根据设计和有关规范的要求对水井的各项质量指标进行验收。

（一）水井验收的主要质量指标

（1）井位、井深和井径符合规划设计要求。

（2）管井的单井出水量应与设计出水量基本相符。

（3）管井抽水稳定后，井水含沙量符合设计要求，水质符合用水标准。

（4）井斜。井深为 100 m 以内时，井身顶角倾斜，不能超过 1°；井深 100 m 以下的井段，每 100 m 顶角倾斜不得超过 1.5°。

（5）滤水管位置。滤水管安装位置的深度偏差不超过 0.5～1.0 m。

（6）井底沉淀物厚度，应小于井深的 0.5%。

(二)管井验收提交竣工验收报告

管井验收时,施工单位应提交竣工验收报告,其内容如下:

(1)管井结构(图3-2)和地层柱状图。包括岩层名称、岩性描述、厚度和埋藏深度;钻孔及下钻深度;井壁管和过滤器的规格及组合;填砾及封闭位置;地下水静水位和动水位等。

(2)含水层砂样及砾料的颗粒分析成果表。

(3)抽水试验成果。

(4)井水含沙量与水质分析成果。

(5)管井配套与使用注意事项的建议。

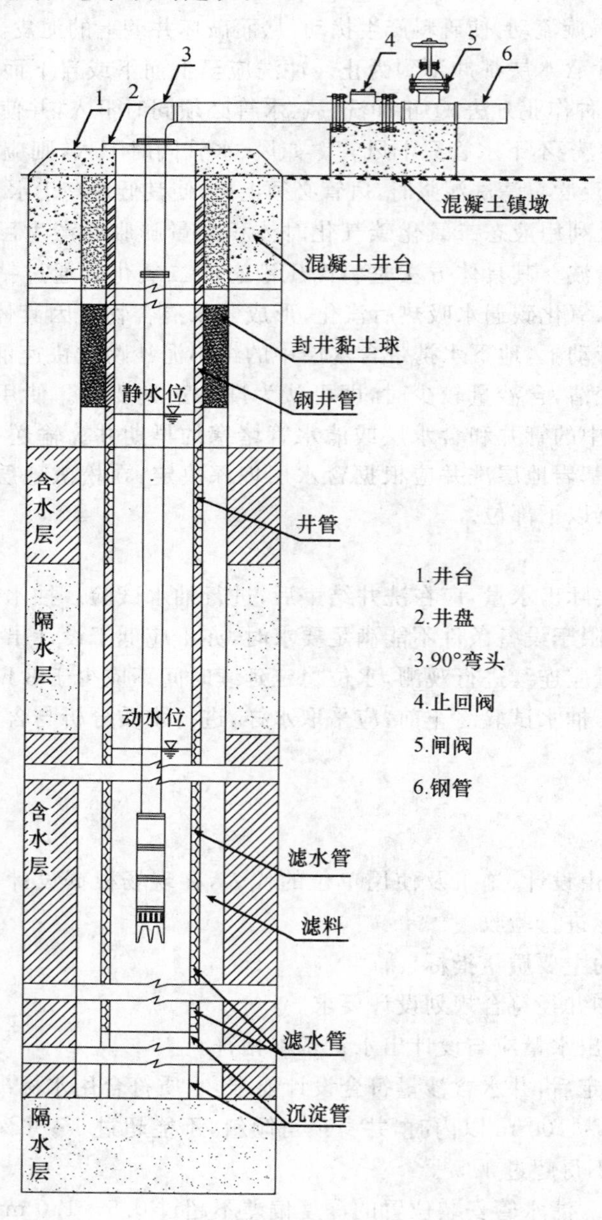

图3-2 成井结构示意

第二节　管理房工程

一、管理房的分类

滴灌灌溉水源分为井水和河水，不同水源首部过滤装置、施肥装置不同，管理房结构、面积也不同。一般可归类为井水滴灌系统管理房、河水滴灌系统管理房、管道自压滴灌系统管理房。

二、管理房内部布置

一口井水滴灌系统管理房面积为 20 m^2左右，房内设隔墙分为设备间和休息间，设备间面积大于休息间。过滤器、施肥罐等设备布设在设备间中央，设备于管理房四周墙壁留有 1 m 左右距离作为操作通道。启动柜、配电柜要与过滤器等分开布设在休息间。设备间、休息间应有窗户，管理房设备间地坪为抗震、抗压的混凝土地坪。管理房应布设在距离水井几米处，通过管道与设备间过滤器连接。

一个河水滴灌系统管理房面积为 40 m^2左右，如灌溉面积大，首部设备较多时可增加管理房面积。如两个滴灌系统首部共用一个管理房，设备间面积增大到可容纳两个系统的设备。管理房布设在距离沉淀池 2～3 m 处，也分为设备间和休息间，水泵、过滤器、施肥罐等设备布设在设备间内。一般河水滴灌系统管理房地坪高程要高于引水渠渠顶高程和沉淀池池顶高程。泵房基础与水泵、过滤器等设备基础分开，设备运行时的振动不至于影响到整个泵房。

一个管道自压滴灌系统田间管理房面积 30 m^2左右，同样也分为设备间和休息间，其余跟河水滴灌系统管理房相同。常见地表水与地下水管理房与设备连接示意图如图 3-3、图 3-4 所示。

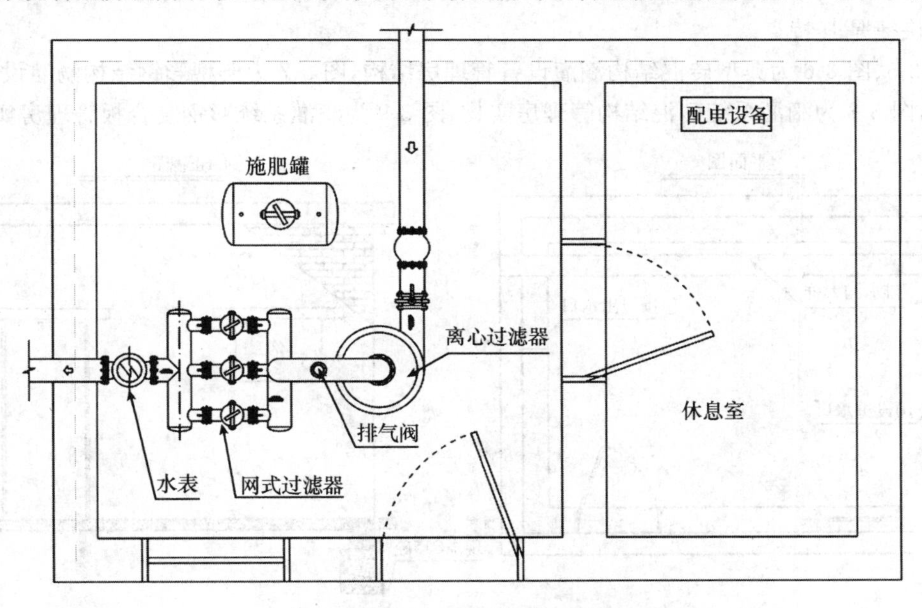

图 3-3　常见地下水滴灌设备管理房

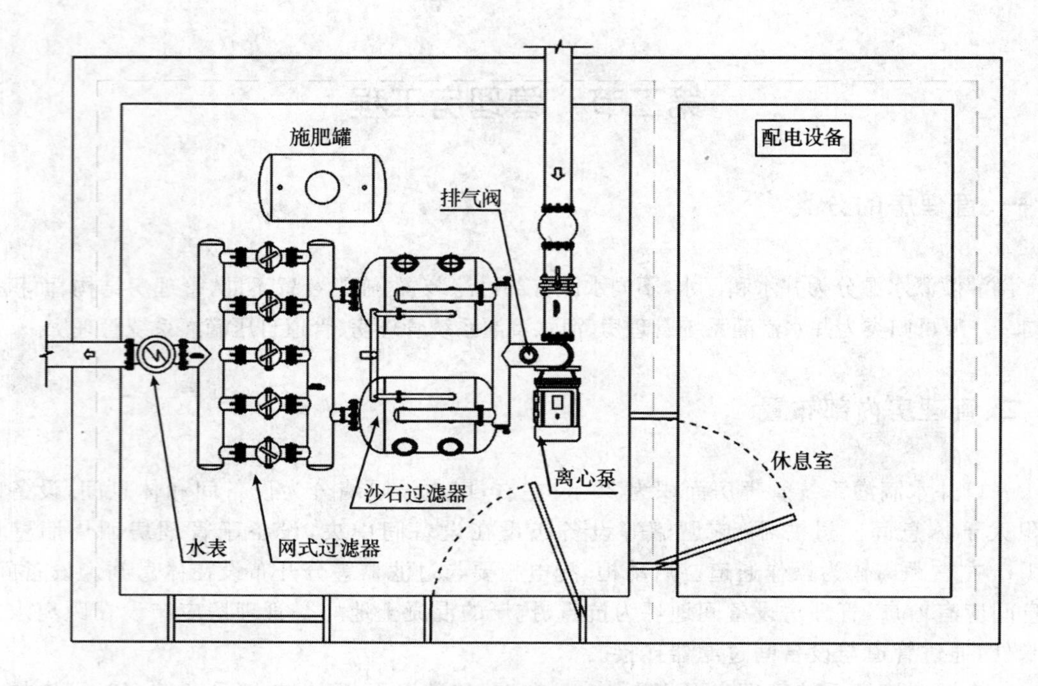

图 3-4 常见地表水滴灌设备管理房示意

三、常见滴灌系统管理房的建筑材料

管理房按建筑材料分为砖混结构房、彩钢房、砖混结构彩钢顶房等。

彩钢管理房是由彩钢复合板(又称彩钢夹芯板)为墙体,以轻钢结构为骨架搭建而成,安装灵活快捷是其特点。

图 3-5、图 3-6 为典型砖混结构滴灌设备管理房结构,图 3-7 为典型彩钢结构滴灌设备管理房结构,图 3-8 为滴灌系统砖混结构管理房实物,图 3-9 为滴灌系统彩钢复合板管理房实物。

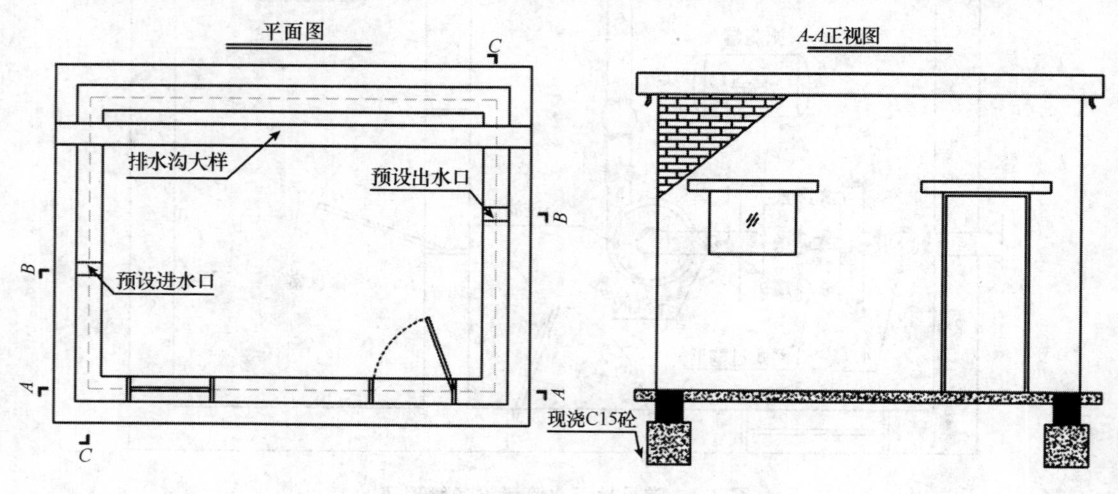

图 3-5 典型砖混结构滴灌设备管理房结构(一)

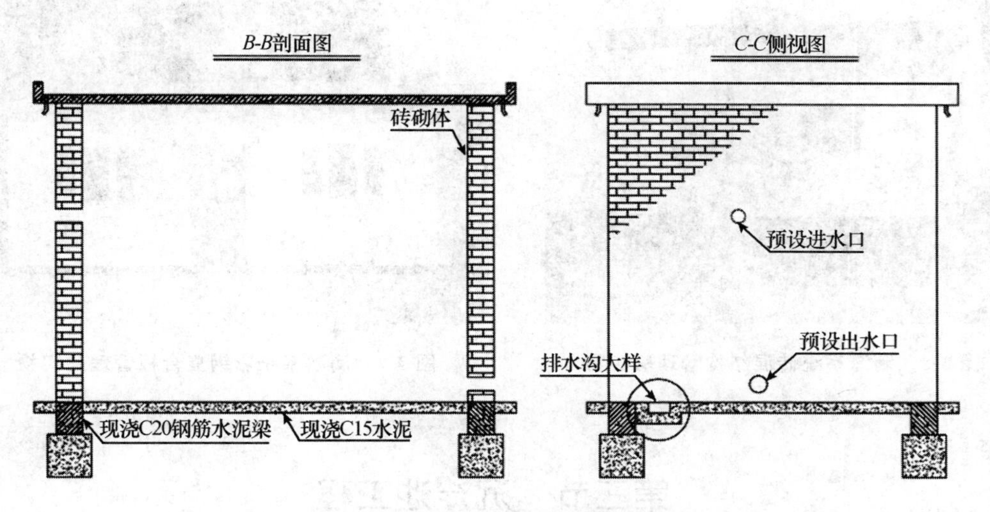

图 3-6 典型砖混结构滴灌设备管理房结构(二)

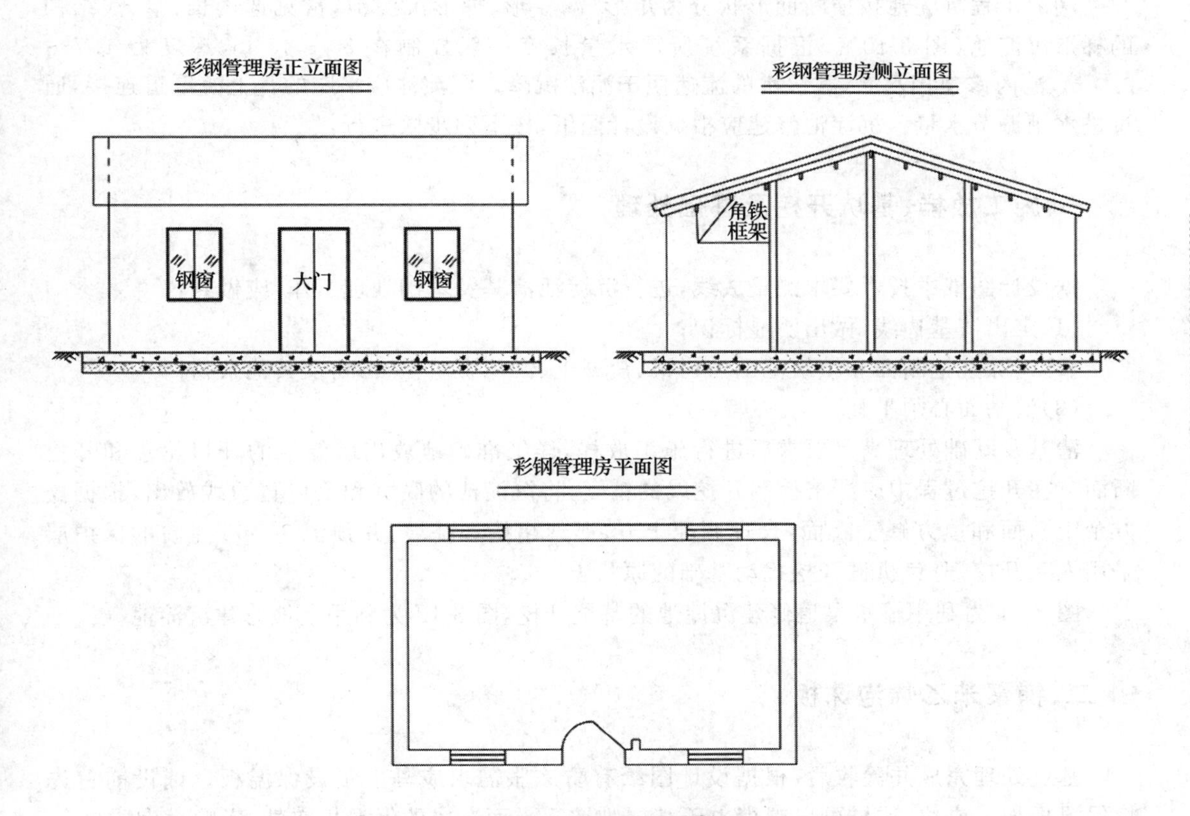

图 3-7 典型彩钢结构滴灌设备管理房结构

图 3-8　滴灌系统砖混结构管理房实物

图 3-9　滴灌系统彩钢复合板管理房实物

第三节　沉淀池工程

滴灌工程沉淀池按横断面形状分为矩形、漏斗形、梯形沉淀池，常见选用长、窄、浅结构的梯形沉淀池（图 3-10）。根据系统所需水量长度一般控制在 30～45 m，深度为 1.7～2.0 m，池内修建挡水墙，减缓水的流速便于泥沙沉降。沉淀池应平顺的与上游渠道连接，通过进水闸调节水量。沉淀池修建应根据设计图纸，按下列步骤进行：

一、施工放样、基坑开挖及基础处理

据设计图纸中技术要求测量放线，进行沉淀池清基及基础处理工作，应做到：

(1)定出清基边线，做出明显标识；

(2)清除开挖断面和填筑范围内树根、盐碱土、淤积腐殖土、污物及其他杂物；

(3)清基面必须平整。

清基及基础处理满足要求后进行施工放样，详细准确地放出沉淀池的开口轮廓和开挖断面。在开挖过程中应严格控制开挖线的精度，将沉淀池的底宽和上口宽边线放出，根据挖方余土断面和填方缺土断面，合理调配土方，严禁超挖和补坡，并预留 30 cm 左右的保护层采用人工开挖，避免机械开挖扰动基础的原状土。

图 3-11 为利用输水渠道修建沉淀池的基坑开挖，图 3-12 为利用空地修建沉淀池。

二、铺聚苯乙烯泡沫板

基坑处理完成并验收后，根据设计图纸有防冻胀需求应马上铺设保温板。铺设前首先将保温板加工成块，这样可以减少由于基层削坡不平而造成的保温板空鼓，影响衬砌质量。

应按设计图纸要求测设出保温板的铺设位置；基层清理干净，无油污，无杂物；铺设前先检查保温板质量，不准有掉角、断裂等缺陷；铺设整齐平整、接缝严密、无翘曲，板面完整、洁净，两板连接处高差不大于 2 mm；保温板铺设完成后禁止人为踩踏、放置重物等。

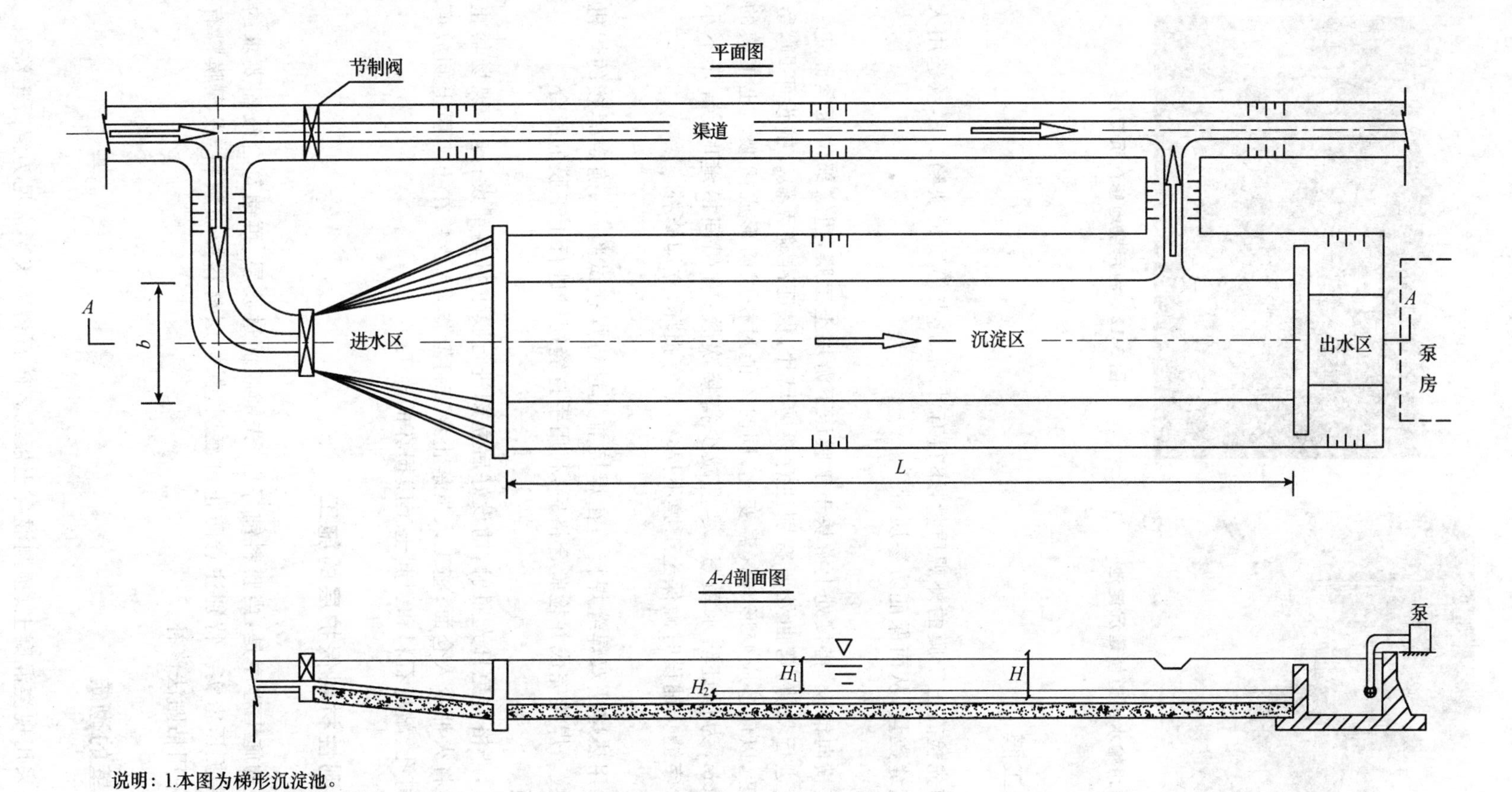

说明：1.本图为梯形沉淀池。

2.本沉淀池可供利用地表水滴灌的工程进行水的净化处理时参考，沉淀池结构可参考有关专业资料应因地制宜进行设计。

3.沉淀池沉淀区长度L、沉淀池底宽b、沉淀池总深H、有效水深H_1、存泥设计深度H_2。

图3-10　梯形沉淀池

图 3-11 利用输水渠道修建沉淀池

图 3-12 利用空地修建沉淀池

三、铺防渗土工膜

土工膜铺设前先检查土工膜的外观质量，不得有沙眼、疵点等质量缺陷。尽量选用大尺寸土工膜以减少接缝数量，从而保证防渗质量。

(一)铺设

土工膜沿渠道横向铺设，搭接处上游块土工膜压下游块土工膜，边缘部位压紧固定。完成后留足搭接长度进行裁剪，弯曲处要特别注意裁剪尺寸，保证准确无误。铺设平顺，留有足够余幅，松紧适度，以便适应变形与气温变化；同时不能过松以防形成褶皱。土工膜的搭接长度不小于 10 cm，为保证防水质量，尽量减少搭接次数；有幅间横缝时，错开不小于 50 cm，避免形成十字缝。铺设时确保土工膜不损坏，如有损坏，立即修补。

(二)焊接

土工膜连接采用热熔法双焊缝焊接。在焊接前先进行焊接试验，以确定焊接的焊机温度、行走速度等参数。焊接完成并检验合格后，利用手持缝纫机进行土工膜的缝合。

(三)注意事项

土工膜铺好后，严格避免日光照射，铺设好后立刻进行膜上材料铺设；施工现场禁止吸烟、电气焊等，不得将火种带入仓面；施工人员禁止穿带钉鞋作业；严禁在土工膜上卸放商品混凝土护坡块体，打孔、敲打石料和引起土工膜损坏的施工。

四、沙砾料和刚性材料保护层的施工

沙砾料保护层的施工程序是：当膜料铺好后，先铺膜面过渡层，再铺符合级配要求的沙砾料保护层，并逐层振压密实。特别注意防止过渡层、保护层材料撞破膜料，发现膜料有孔洞或被穿破，立即采用粘贴法修补。

五、沉淀池池壁的砌筑

沉淀池池壁可采用现浇混凝土、预制混凝土板或者砖石料砌筑。常见为混凝土浇筑。

(一)现浇混凝土浇筑沉淀池

1.模板选型与选材

模板及其支架应根据结构形式、施工工艺、设备和材料供应等条件进行选型和选材，模板及其支架的强度、刚度及稳定性应满足设计要求。在浇筑混凝土前，应将模板内部清扫干净，经检验合格后，才可浇筑。拆模时，应先拆内模。

2.布料

按照设计要求的抗压、抗渗、抗冻等级拌制混凝土，拌制好后及时拉运到施工现场。卸料时，尽量降低商品混凝土下落高度，防止骨料分离，现浇混凝土沉淀池施工应先池底后池坡。

3.振捣、抹面压光

布料完毕后及时进行振捣，仓面内出现局部露石、蜂窝时，立即挖除或填补原浆混凝土重新振捣。振捣完毕后，进行粗抹面，以表面平整、出浆为宜，粗抹进行两遍；终凝前人工压光，外观要平整、光洁、无抹痕。

4.养护

混凝土压光出面 6～18 h 后喷洒养护剂，并覆盖草帘或土工布洒水保湿，养护时间不少于 28 天。低温季节采取保温措施养护，干热多风天气施工，初凝前应不间断地喷雾养护。

5.伸缩缝施工

现浇混凝土沉淀池伸缩缝分为通缝和半缝两种。顺水流方向池底中心和两坡脚处为通缝，横缝每 8～10 m 为一通缝，其余均可为半缝。

(二)预制混凝土板砌筑沉淀池

部分沉淀池池底板用现浇混凝土，边坡用预制混凝土板砌筑。池底现浇混凝土施工完成后进行池坡预制混凝土板的铺设。预制板铺砌前要先清除其表面乳皮、泥土污物等，然后检查是否有裂缝、缺角等损伤。铺砌时，首先要对预制板洒水浸润，待表面无积水后再铺砌，预制板铺砌顺序为由下而上错缝砌筑，要求铺砌平整、稳固，砌筑缝宽 2 cm，用 M10 水泥砂浆填满捣实，并及时沟缝。沉淀池坡砌筑完毕要及时安砌压顶板。砌筑过程中，要按照设计要求预留伸缩缝。

(三)石料等砌筑沉淀池

项目区石料取材方便时，沉淀池可用石料砌筑。石料应质地坚实，无风化和裂纹；沙子宜采用中、粗沙，质地坚硬、清洁、级配良好，使用前应过筛，含泥量不应超过 3%。砌体各石料应上下错缝，内外搭砌，灰缝均匀一致。砂浆应满铺满挤，挤出的砂浆应随时刮平，严禁用水冲浆灌缝，严禁用敲击砌体的方法纠正偏差。

第四节　水泵安装

滴灌系统水泵的安装分为井水滴灌系统潜水泵安装和河水滴灌系统离心泵安装。

一、潜水泵的安装

潜水泵的安装如图 3-13 所示。

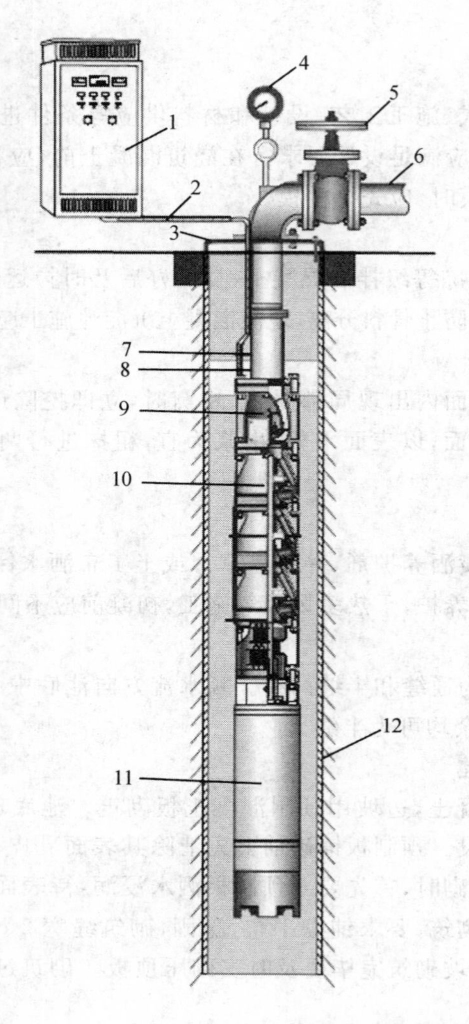

图 3-13　潜水泵安装

安装前检查泵轴是否转动灵活，若发现泵轴转动不灵活有撞击声或泵轴径向晃动应先排除故障；潜水泵入水前先接通电源检查旋转方向是否正确，有许多类型的潜水泵正转和反转时皆可出水，但反转时出水量小长时间运行会损坏电机；还要检查泵管连接情况，查看紧固螺栓有无松动。

潜水泵下井时电缆线需放入泵管法兰盘的凹槽内并用耐水绑绳将电缆固定在泵管上，切勿使电缆受力以免引起电缆线断裂，还要防止电缆下井过程中擦伤。潜水泵放入水中或提出水面时，应先切断电源，严禁拉拽电缆或出水管。潜水泵在下井过程中遇到卡泵现象，应吊起少许轻轻转动再试着下落，如果仍有问题应将潜水泵提出井外查明原因后再下井。潜水泵在水中应垂直吊起，不能横卧更不能陷入泥沙中。潜水泵进水滤网外最好套上铁丝网以免杂草污物进入泵内堵塞叶轮。潜水泵在水下工作容易漏电造成电能损失甚至引发触电事故，要安装漏电保护装置，工作时泵周围 30 cm 以内水面，不得有人、畜进入。

小型潜水泵出水管多为塑料和橡胶管道，安装时用钢丝绳慢慢将泵沉入水中，不能让出水管道承受拉力造成管道接头松动脱落。

二、离心泵的安装

离心泵是根据离心力原理设计，由高速旋转的叶轮叶片带动水转动，将水甩出从而达到输送目的。河水滴灌系统首部一般采用卧式离心泵，为泵轴直联连接，由泵、泵轴和电机组成。

(一)水泵就位前复查

水泵就位前应进行复查：水泵的生产合格证、说明书、检验报告；基础的尺寸、位置、标高应符合设计要求；连接设备不应有缺件、损坏和锈蚀等情况；管口保护物和堵盖应完好。

(二)水泵的安装

水泵基础应高出室内地平 0.1 m 以上(图 3-14)。水泵吊运安装，准确就位于已按照图纸尺寸做好的基础上，然后穿地脚螺栓并带螺帽，底座下放置垫铁，以水平尺初步找平，地脚螺栓内灌混凝土，待混凝土凝固期满再进行精平拧紧地脚螺栓帽。滴灌工程离心泵安装采用柔性连接安装，安装时管路重量不应加在水泵上，应有各自的支承体，以免使泵变形影响运行性能和寿命。

图 3-14　离心泵安装

(三)进出水管及连接设备的安装

进出水管内部和管端应清洗干净，相互连接的法兰端面或轴心线应平行、对中。水管重量不应加在水泵上，应有支撑体。水管与泵连接后，不应再在其上进行焊接和气割，如需焊接或气割时，应拆下管路或采取必要的措施，防止焊渣进入泵内损坏水泵。进水管上应设有灌水排气阀，出水管上应装设阀门、止回阀和压力表。当水泵直接从给水管网抽水时，应在吸水管上装设阀门、止回阀和压力表。此外水泵进出水管上要安装曲挠橡胶接头减少管路的振动。

(四)水泵安装注意事项

水泵轴线高于吸水面时，水泵吸水管需安装底阀(图 3-15)，底阀为单向阀水头损失大且吸水面积有限，需综合考虑选择合适的底阀。水泵安装高程应按设计要求施工安装，进水管尽量减少不必要的管道附件。

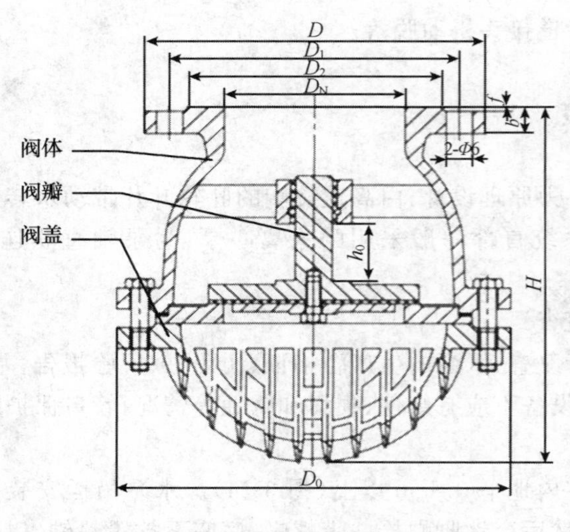

图 3-15　底阀结构

第五节　过滤施肥装置安装

过滤系统、施肥装置的安装步骤，也主要遵循设备的复查、找平及按顺序连接。首先查验过滤器及施肥装置的生产合格证、说明书，确保安装合格产品。在安装过程中应按照产品的说明书顺序连接，并按水流方向安装，不得反向，不可接错位置。过滤系统和施肥装置的安装顺序可参考图 3-16 和图 3-17，分别为"离心＋砂石（施肥罐）＋网式过滤器"、"离心（施肥罐）＋网式过滤器"两种装配模式。

井水系统施肥装置为压差式施肥罐，施肥罐布设在网式过滤器前，施肥罐进出水管利用阀门调节压力，达到吸水吸肥的目的。河水系统施肥装置为敞口式施肥箱，施肥箱布设在网式过滤器前，施肥箱的进水管与水泵出水管连接，施肥罐出水管与水泵进水管连接。

第六节　测量仪表及保护控制设备安装

滴灌系统首部的测量仪表主要有压力表、流量计等；保护控制设备主要指闸阀、逆止阀、进排气阀、泄压阀等。

测量仪表和保护设备安装前应清除封口和接头的油污和杂物，安装按设计要求和水流方向标记进行。检查安装的管件配件如螺栓、止水胶垫、丝口等是否完好。法兰中心线应与管件轴线重合，紧固螺栓齐全，能自由穿入孔内，止水垫不得阻挡过水断面。安装球阀等丝口件时，用生料带或塑料薄膜缠绕，确保连接牢固不漏水。截止阀与逆止阀应按水流方向标志安装，不得反向。进排气阀的尺寸规格、安装位置等应严格按照设计图纸施工。

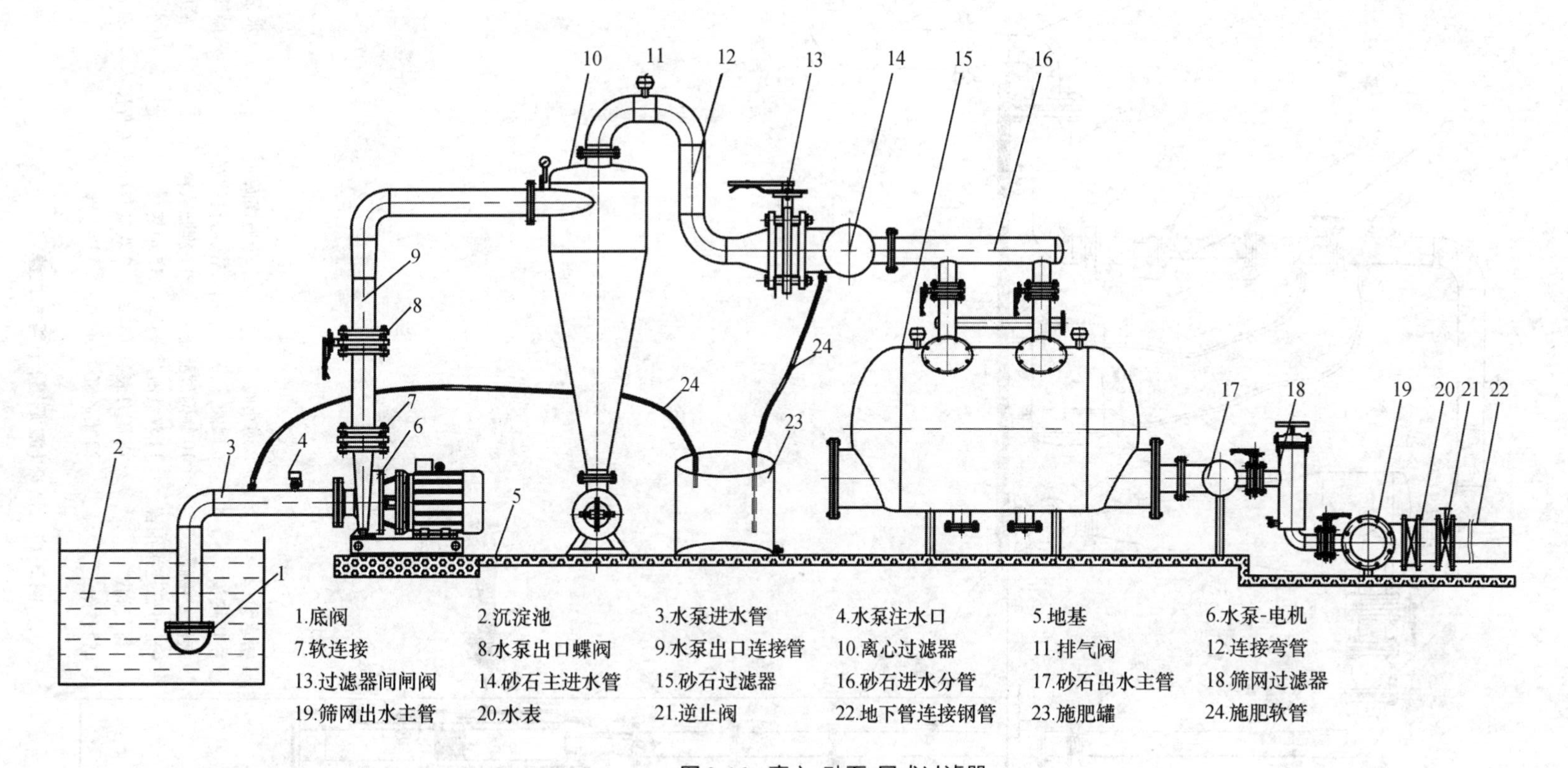

图3-16　离心+砂石+网式过滤器

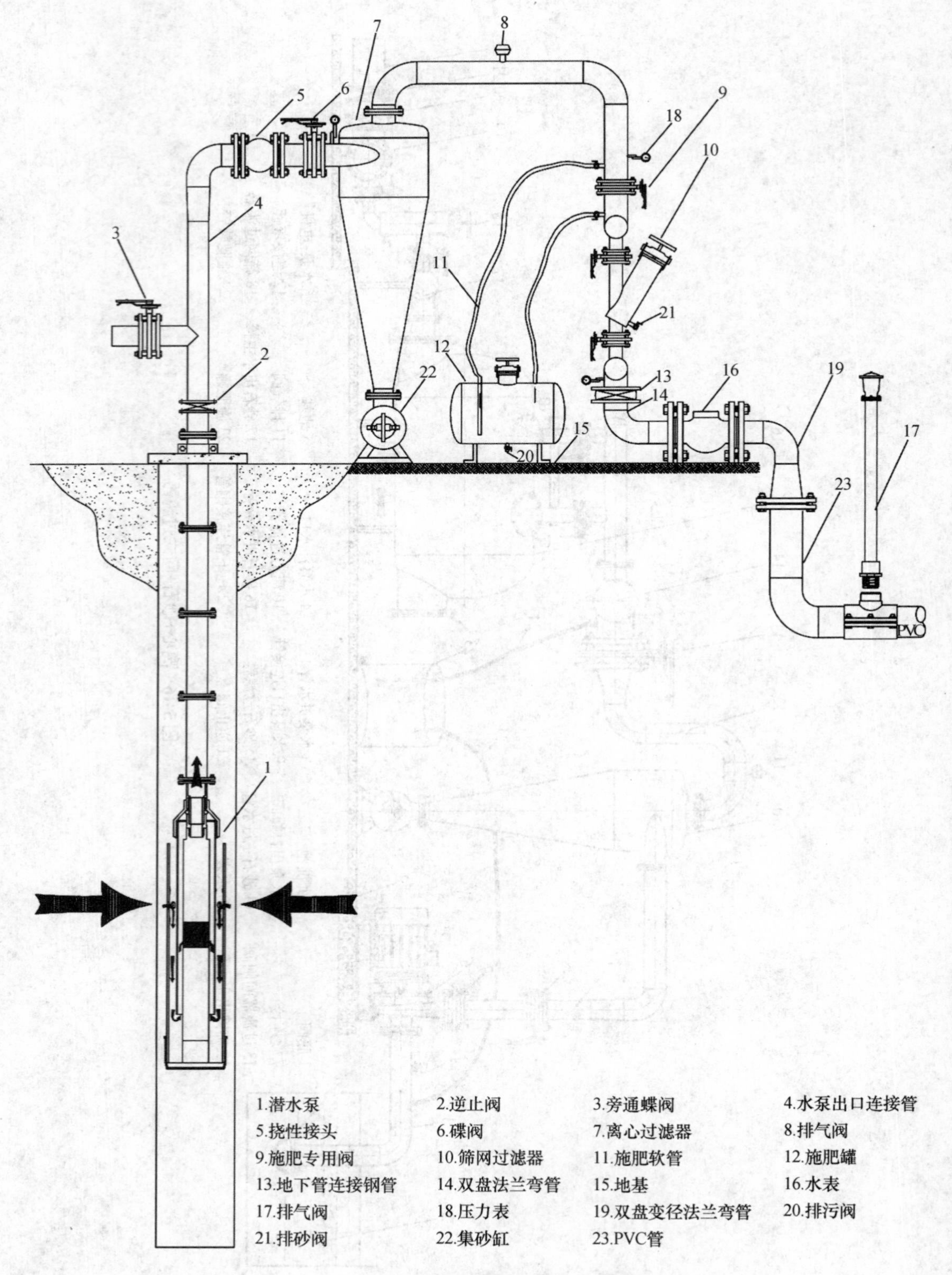

图 3-17　离心(施肥罐)＋网式过滤器

第七节　电力设施的配备安装

滴灌系统电力设施的安装主要指输配电线路的安装、变压设施的安装、水泵启动装置的安装等，电力设施安装必须由专业的人员进行。

一、变压器的安装

滴灌系统常用为 10 kV 油浸式变压器。变压器的容量应根据泵站的总负荷以及机组启动、运行方式进行确定。当选用 2 台及 2 台以上变压器时，宜选用相同型号和容量的变压器。当选用不同容量和型号的变压器时，必须符合变压器并列运行条件。

(一)变压器施工准备

1. 设备及材料

变压器的容量、规格及型号必须符合设计要求，附件、备件齐全，并有出厂合格证及技术文件。变压器铭牌上应注明制造厂名、额定容量、一二次额定电压、电流等技术参数。变压器安装时需用的材料有耐油塑料管、电焊条、防锈漆及变压器油等。

2. 安装工具

搬运吊装机具:汽车吊、汽车、吊链、三步搭、钢丝绳等。安装机具:台钻、砂轮、电焊机、气焊工具、电锤、台虎钳、活扳、榔头、套丝板。测试器具:钢卷尺、钢板尺、水平、线坠、万用表及试验仪器。

(二)变压器安装流程及注意事项

1. 安装工艺流程

设备检查→变压器二次搬运→变压器吊装→附件安装→变压器吊芯检查及交接试验→送电前的检查→送电运行验收。

2. 安装注意事项

变压器要保持清洁干净，表面无碰撞损伤。安装时高低压瓷套管及环氧树脂铸铁应有防砸及防碰撞措施。当在变压器上方作业时，操作人员不得蹬踩变压器，并防止安装工具等掉落砸坏、砸伤变压器。在变压器上方操作电气焊时，应对变压器进行全方位保护，防止焊渣落下，损伤设备。变压器漏油、渗油时应及时处理。变压器的进出线路应排列整齐美观，做到横平竖直(图 3-18)。

图 3-18　变压器的安装

二、启动柜的安装

启动柜应于水泵和过滤设备分不同房间布设，连接线缆应通过预埋穿线管线。启动柜内各元器件应排列整齐、美观，牢固固定在骨架、支架或面板上。面板后的元器件安装应便于接线、检测和维护。连接元器件的电线、电缆及绝缘材料应连接牢固，不能有破裂及表面磨损现象。图 3-19 为启动柜的安装与摆放。

图 3-19　启动柜的安装与摆放

第四章　输水管网施工

第一节　管材、配件性能与储运、堆放的规定

一、管材、管件、接口密封材料的性能要求

1. 管材、管件

管材、管件的规格、品种、公差、物理力学性能，对保证质量是至关重要的。管材、管件公差的物理性能应符合国家现行产品质量标准的规定，并应有出厂合格证。规格、品种则应符合设计的要求。管材、管件的外观质量还应符合下列要求：

(1)管材、管件的颜色应一致，无色泽不均及分解变色现象。

(2)管材的内外壁应光滑、平整、无气泡、无裂口、无明显的痕纹和凹陷。

(3)管材端面应平整，并垂直于轴线。

(4)管材不得有异向弯曲，直线度公差应小于0.3%。

(5)管件应完整无损，浇口、溢边应修平整，内外表面光滑、无明显裂纹。

(6)管道运到现场，可采用目测法，对管道是否有损伤进行检验，并做好记录与验收手续，同时按要求见证取样送检。

施工监理单位在采购、监督、使用前，必须对管材、管件认真检查，不合格者不能使用。

2. 黏结剂

黏结剂宜与管材配套供应，其卫生性能不得影响生活用水水质。黏接接头的剪切强度不得小于5 MPa。

不同型号的黏结剂应分开存放、防止混用，超过有效期的黏结剂不能使用，发现黏结剂含有块状、絮状物或分层时都不得使用。

3. 柔性接口密封圈

(1)接口密封圈应用天然橡胶或合成橡胶加工，不得采用再生橡胶、塑料及橡塑材料加工。

(2)橡胶密封圈应用模压或挤压成型，截面形状符合设计要求，每个胶圈上不得多于两个搭接接头。用于饮用水的密封圈不得污染水质，其卫生指标应符合GB 4806.1及现行标准的规定。

橡胶圈的物理力学性应符合下列规定：

邵氏硬度:45～55度;

伸长率≥500%;

拉断强度≥16 MPa;

永久变形<20%;

老化系数>0.8(70℃,144 h)。

4. 注意事项

管材、管件、黏结剂,不宜长期存放不用,一般规定超过18个月,使用前应进行物理力学性能检验。

二、管材、配件的运输、储存与堆放

塑料管材质轻、管节较长,在搬运过程中,管材易受损伤、变形,长距离宜成捆绑扎运输,一般每捆重量为50 kg,适宜1～2人抬运为宜,管件不应散装运输。

塑料管材忌划、硌、碰、冲击,管身在搬运过程中一旦出现划痕,管材投入运营、受力后,这些部位将是破坏的突发点。故在搬运、装卸时应轻起、轻放,不得遭受剧烈撞击及尖锐物品的擦、划、碰触。更不允许抛、摔、滚、拖,烈日暴晒、寒冷地区或严冬气候尤应特别注意。

存放管材、配件的地面应平整,不得散布有石块等尖硬物,如用支垫物支垫时,其宽度不应小于75 mm,间距不大于1 m,外悬端部不大于0.5 m,叠高高度不大于1.5 m,承口与插口交替平行堆放。为防止长期存放管材受热产生翘曲,不得在露天存放,应在通风良好、温度不高于40℃的库房内且应远离热源,距热源不小于1 m的地方存放。

黏结剂及丙酮等清洁剂均属易燃品,在运输、存放、使用时,应远离火源,防止火灾,黏结剂的溶剂易燥结、挥发,应随存随用,用毕盖严,防止挥发、燥结。

橡胶圈贮存、运输应符合下列要求:

(1)贮存环境温度宜为-5～30℃,湿度不大于80%,存放位置不宜长期受紫外线光源照射,离热源距离不小于1 m。

(2)橡胶圈不得与溶剂、易挥发物、油脂等放在一起;远离臭氧浓度高的环境。

(3)贮存、运输中不得长期挤压。

第二节　管沟放线,管槽的开挖、回填

一、滴灌管道铺设的一般原则

滴灌管网应根据水源位置、地形、地块等情况分级,一般应由干管、支管和毛管三级组成。灌溉面积大的可增设总干管、分干管或分支管,面积小的也可只设支管、毛管两级。

管网布置应使管道总长度短,少穿越其他障碍物。输配水管道沿地势较高位置布置,支管垂直于作物种植行布置,毛管顺作物种植行布置。管道的纵剖面应力求平顺。移动式管道应根据作物种植方向、机耕等要求铺设,避免横穿道路。

支管以上各级管道的首端宜设控制阀，在地埋管道的阀门处应设阀门井。在管道起伏的高处、顺坡管道上端阀门的下游、逆止阀的上游，均应设进、排气阀。在干管、支管的末端应设冲洗排水阀。

在直径大于50 mm的管道末端、变坡、转弯、分岔和阀门处，应设镇墩。当地面坡度大于20%或管径大于65 mm时，宜每隔一定距离增设镇墩。

管道埋深应根据土壤冻层深度、地面荷载和机耕要求确定。当管道穿越涵洞、路堤及构筑物等障碍物时，应设置在保护套管内，套管内径应大于塑料管外径加300 mm。干管、支管埋深应不小于50 cm，地下滴灌毛管埋深不宜小于30 cm。

二、管沟测量放线

（一）接桩、布置轴线及高程控制桩

进入施工现场后，立即组织专业测量人员使用检验合格的测量仪器——经纬仪、全站仪等，进行由业主、监理方提供的工程平面控制点、高程控制点的接桩任务，并布置施工场区内的平面坐标控制网及高程控制网，以适当的比例绘制详细的成果图。

施工场区的高程控制网布设成闭合环线，对于重点平面控制点及高程控制点，设立红色警示牌，提醒车辆及行人注意，避免损坏标记。

（二）施工过程中的测量工作

1. 坐标控制网复核

(1)根据业主提供的桩点位置及测量控制点，每100 m引测一临时水准点，水准点须经闭合后方可使用。业主提供的桩点，施工现场测量人员应做好栓桩，临时水准点应放在附近建筑物上或牢固的桩上。

(2)管线沿线管槽的定位点、定位线均按设计方给定的位置确定。采取整体放线，统一开挖，统筹调整施工中遇到的地上、地下障碍。

2. 管线定位放线

(1)管道施工过程中要依照施工图纸，认真定出管道中心轴线及管道流水面的高程线。

(2)放线前，应对地形及高程进行测量，发现误差较大时，通知上报监理、建设单位及设计方进行调整修改，得到监理指令后方可继续进行开挖。

(3)放线前应结合管线综合图，对管线关键点坐标及高程进行测量复核，经复核关键点无误再进行放线。

3. 管网工程施工定线测量

管网工程施工定线测量满足以下要求：

(1)主干线起点、终点，中间各转角点在地面上定位；管网中的地下管线定位后，用钢尺丈量的方法定位。

(2)直线段上中线桩位的间距不大于50 m，根据地形和条件，可适当加桩。

(3)管线定线完成后，点位按顺序编号，对主要的中线桩进行加固或安放标识，并做好栓桩和记录。

(4)管网转角点与附近永久性工程相连。在永久性工程上标志点位，对控制点的坐标进行记录。

三、管槽断面几种形式

管槽断面主要有矩形、梯形和复合式三种形式，分别如图 4-1(a)、(b)、(c)所示，采用哪一种形式应根据项目区土质、地下水位、管材型号规格、最大冻土层深度、管槽开挖深度及施工方法确定。

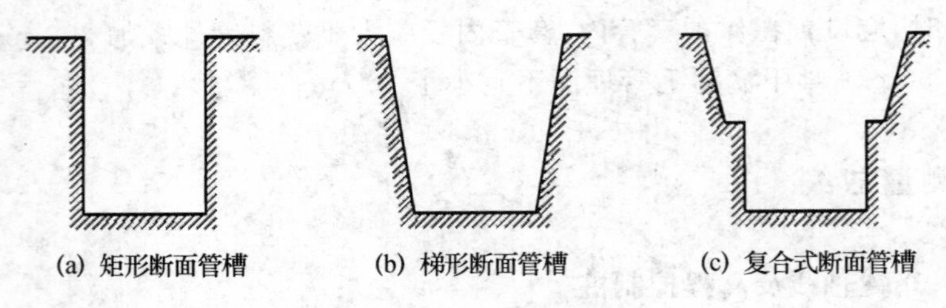

图 4-1 管槽断面图

根据实践经验，管槽深度和宽度一般可用式(4-1)、式(4-2)、式(4-3)确定，管槽深度除满足式(4-3)外，其最小埋设深度不得小于 70 cm。

$D\leqslant 200$ mm 的管材：

$$B=D+0.3 \tag{4-1}$$

$D>200$ mm 的管材：

$$B=D+0.5 \tag{4-2}$$

$$H\geqslant D+h_{冻}+0.1 \tag{4-3}$$

式中：B——管槽底部宽度，m；

D——管道外径，m；

H——管槽开挖深度，m；

$h_{冻}$——最大冻土层深度，m。

四、管槽的开挖

(一)开挖注意事项

(1)开工前由项目负责人组织施工人员认真现场勘察，对照施工图纸查清沿线的地上、地下障碍物，尤其是设计管线与电力、电信、光纤、供水、油气管道、煤气、排水等地下设施有交叉时，应提前与相关部门取得联系，开挖时确保已建设施不被损坏，必要时挖试坑确认障碍物的具体位置，不得盲目开挖。

(2)地下设施两侧 3 m 范围内的管沟宜采用人工开挖。如发现障碍物实际位置与施工图所标注不同，要及时与设计人员联系协商解决，要确保地下管线、地上设施和周围建筑物的安全。

(3)应按施工放样轴线和槽底设计高程开挖，基槽应平整顺直，并应按规定进行放坡，当依靠重力排水时管沟纵坡应大于0.2%，以便将管中余水排入排水井或排水渠，确保管道排空无积水，地埋管管槽开挖深度符合设计要求，开挖干管、支管槽底宽不宜小于50 cm。

(二)管沟的处理

(1)应清除管槽底部石块及杂物，并一次整平。

(2)对于地下水位较高的地方，开挖后及时采取排水措施，避免造成管沟塌方，影响施工。

(3)管槽经岩石、卵石等硬基础外，槽底超挖不宜小于10 cm，开挖土料一般应堆放管槽一侧，便于回填。

(4)镇墩处、阀门井、排水井开挖宜与管槽开挖同时进行。

(三)开挖管槽堆土方式

1. 单侧堆土

一般开挖土方放置在沟槽一侧，另一侧进行管道安装作业，堆土线应距沟边线0.5～1.0 m，一方面防止管沟塌方；另一方面作为沟边临时工作便道，如图4-2所示。

2. 双侧堆土

有些地区土壤耕作层较浅，土壤较为贫瘠，或者耕作层以下有沙砾、沙性土壤或黏土，会影响作物生长的情况下，开挖时要将挖出的熟土层放置一边，另一边放置耕作层以下的土壤，如图4-3所示。

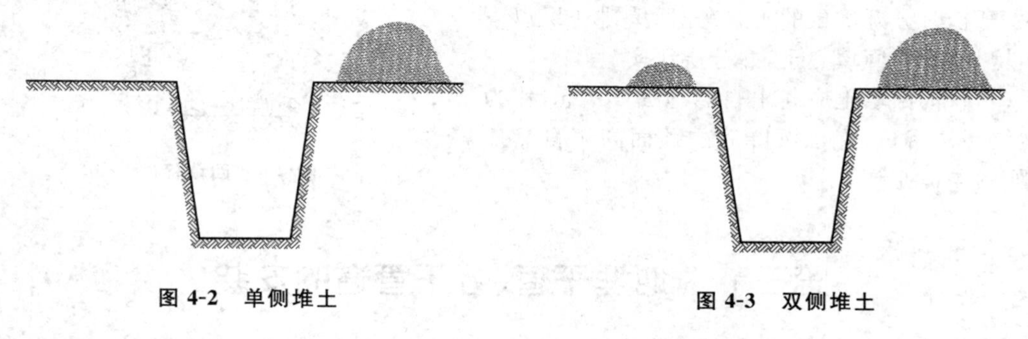

图4-2　单侧堆土　　　图4-3　双侧堆土

(四)堆土注意事项

(1)在电杆、变压器附近堆土时，其堆土高度要考虑到距电线的安全距离。

(2)做好安全防护，当在深沟内挖土施工时，管沟上要设专人监护，注意沟壁的完整，对于危险地段，应采用加大边坡及支撑措施，确保作业安全，防止塌方伤人，造成事故。

(3)管槽开挖完成后必须经过监理、业主验收合格后方可进行下一道工序施工。

五、管槽回填

(一)回填注意事项

(1)管道安装完成应在每节管的中段无接缝处覆土分段填压、固定，防止管道因热胀冷缩脱落，避免试压时管材在水流冲击作用下发生移动，造成连接处脱落。纵断面如图4-4所示和横断面如图4-5所示。

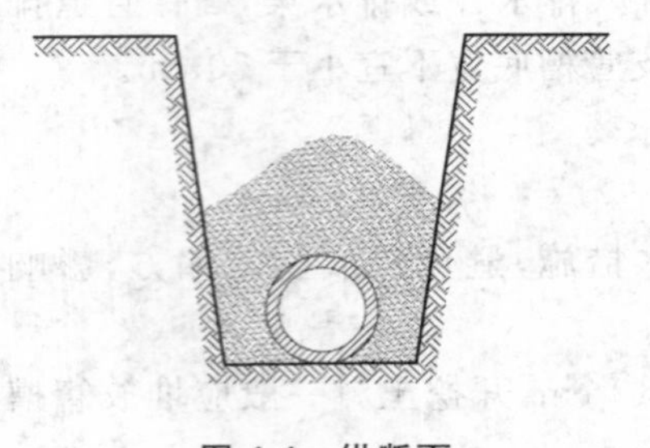

图 4-4　纵断面

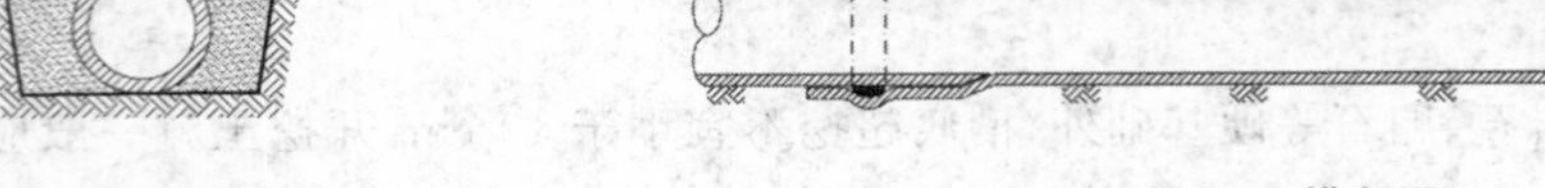

图 4-5　横断面

(2)管槽回填必须待管道安装完毕，经冲洗、试压，检查合格后进行。

(3)回填必须在管道两侧同时进行，严禁单侧回填。

(二)管沟回填标准

(1)回填前应清除槽内一切杂物，排除积水。

(2)回填时避免出现管底悬空现象，如有悬空必须人工填实。

(3)管顶以上 30 cm 需要人工回填，回填土不应有直径大于 2.5 cm 的碎石和直径大于 5 cm 的土块，开挖时分开堆放的土，应先回填耕作层以下的土壤，然后再回填熟土，并分层压实。

(4)管沟回填土应高出自然地面 10 cm，作为自然沉降富裕量，保证沉降后的顶面高于自然地面，如图 4-6 所示。

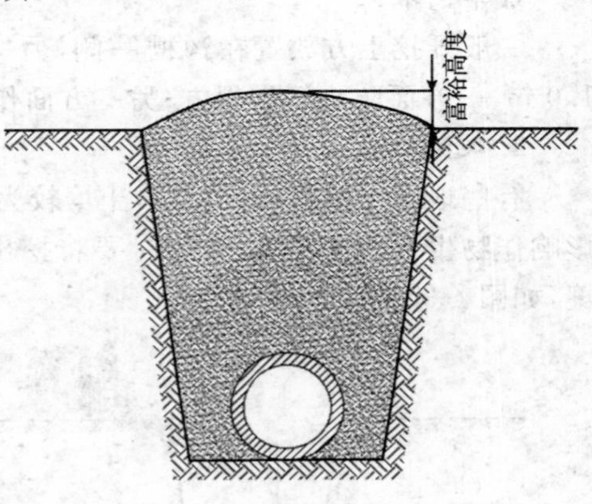

图 4-6　回填标准

第三节　地理干管、分干管道的安装

滴灌系统地下管常用的管材有 PVC 管、PE 管、玻璃钢夹砂管等。

一、管道安装铺设的一般要求

管道铺设应在沟底标高和管道基础质量检查合格后进行，在铺设管道时要对管材、管件、橡胶圈等重新做一次外观检查，发现有问题的管材、管件均不得采用。

管道应由下游向上游依次安装。承口方向与设计水流方向相反，插口顺水流方向安装。

管道在铺设过程中可有适当的弯曲，但曲率半径不得小于管径的 300 倍。

当管道穿越涵洞、路堤及构筑物等障碍物时，应设置在保护套管内，套管内径应大于塑料管外径加 300 mm。

管道安装和铺设工程中断时，应用木塞或其他盖堵将管口封闭，防止杂物进入。

管道安装完成后，铺设管道时所用的垫块应及时拆除。

二、PVC 管道安装

管道安装要在沟底标高和管道基础质量检查合格后进行。

(一)安装前的准备工作

1. 管材的布设

根据制定的施工安装进度,计划每日安装工作量,安排人工、车辆,按设计图纸要求将正确规格的管材拉运到工地,并沿管沟布设,布管进度以管道安装进度为准,不影响管道安装进度。选用承插连接的管道时还应注意每根管材布设的方向。

2. 安装工具的准备

安装时常用的工具有:手锯、板锯、锯弓、锯条、板锉、紧绳器、吊葫芦、吊装带、棉布、洗洁精等。

3. 管件组装连接

主干管与分干管连接或管道与阀门、出地桩连接时,所用管件、阀门等最好提前组合连接,管道安装时可直接取用,保证安装质量和提高劳动效率。

(二)PVC 管道安装

PVC 管道安装主要有两种方式,一种是承插式管道安装,一种是黏接式管道安装。

1. 承插式管道安装步骤

(1)安装前要对管材、管件、橡胶圈等进行外观检查,不得使用有问题的管材、管件、橡胶圈。

(2)清除承接口的污物,如图 4-7 所示。

(3)将橡胶圈正确安装在管道承接口的胶圈槽内,橡胶圈不得装反或扭曲,如图 4-8 所示。

(4)用塞尺顺承插口量好插入的长度,不同管径管道插入长度见表 4-1,测量方法如图 4-9 所示。

图 4-7　清除承接口的污物

图 4-8　橡胶圈放置

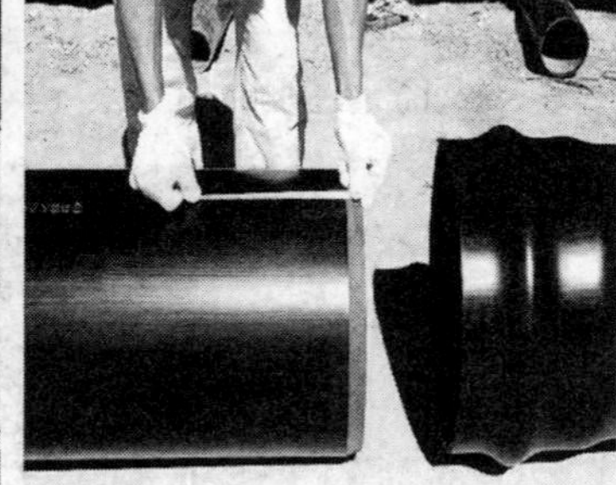

图 4-9　测量插入长度

表 4-1　管道接头最小插入长度

mm

公称外径	63	75	90	110	125	140	160	180	200	225	280	315
插入长度	64	67	70	75	78	81	86	90	94	100	112	113

(5)在插口上涂上润滑剂(洗洁精或洗衣粉水剂),如图 4-10 所示。

(6)直径小于 315 mm 管道安装时,可两人合作抬起管道推动连接安装,如图 4-11 所示。当管径较大时需用紧绳器将管插口一次性插入到尺寸,如图 4-12 所示。

(7)安装好后,用塞尺检查胶圈安装是否正常。

图 4-10 涂抹润滑剂

图 4-11 人力推动连接安装

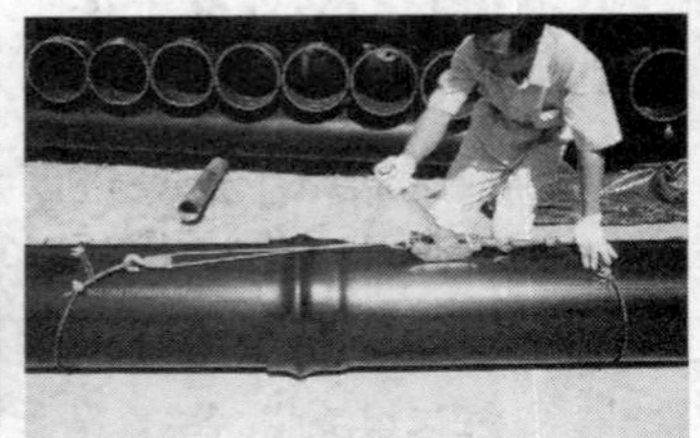

图 4-12 采用紧绳器安装

2.承插式管道安装注意事项

承插式管道安装不得在−5℃以下施工。两根管道承插连接要保证一次性承插到位,避免强行插接,防止橡胶圈的扭曲。插入承口的管材端口倒角面平顺光滑,如有缺陷可用平板锉修整。两根管道连接完成后要用塞尺顺承口间隙插入,检查橡胶圈的安装是否扭曲。管道穿越公路时应设套管。管道安装和铺设中断时,应用编织袋将管口封堵,以防杂物或田间小动物进入安装好的管道。

3.黏接管道安装步骤

黏接方式连接步骤如图 4-13 所示。

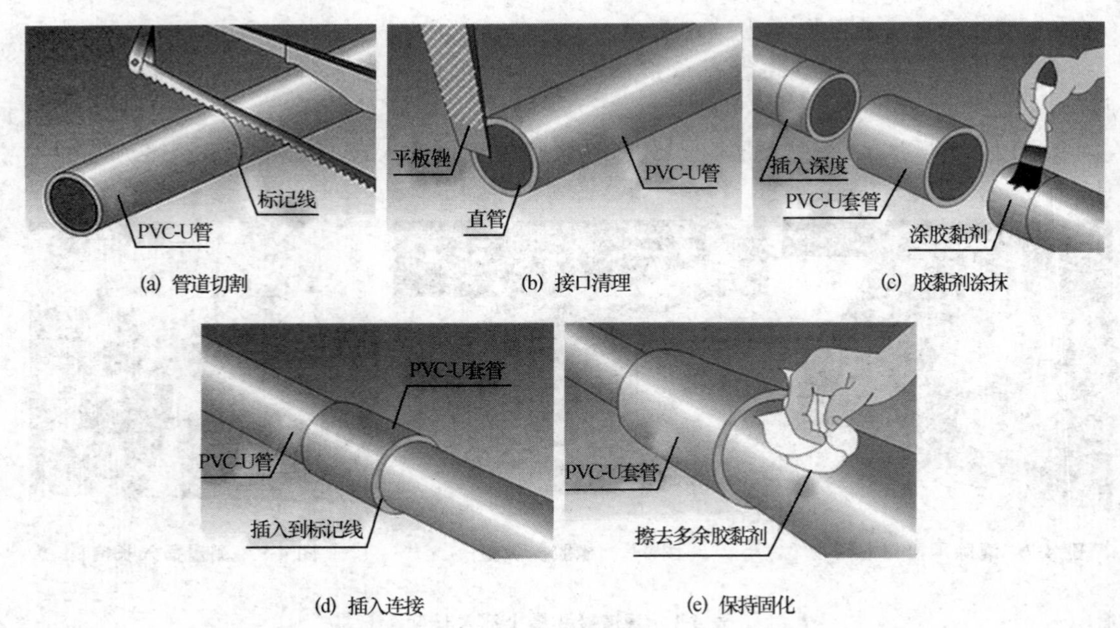

图 4-13 PVC 管胶黏接连接示意图

(1)管道切割

用细齿锯将管道按要求长度垂直切开，用板锉将断口毛刺和毛边去掉，然后用锯条把需要黏接的表面打毛。

(2)接口清理

在涂抹胶黏剂之前，用干布将承插口外黏接表面残屑、灰尘、水、油污擦净。

(3)胶黏剂涂抹

用毛刷将胶黏剂迅速均匀地涂抹在插口外表面和承口内表面。

(4)插入连接

将两根管道和管件的中心找准，迅速插入承口，左右旋转一次，利于胶黏剂在管道内均匀分布，然后管道保持固定，以便胶黏剂固化。管道和管件插入承口长度见表 4-2。

表 4-2　黏接时管道和管件插入长度　mm

公称外径	20	25	32	40	50	63	75	90	110	125	140	160
插入长度	16.0	18.5	22.0	26.0	31.0	37.5	43.5	51.0	61.0	68.5	76.0	86.0

(5)保持固化

用布擦去管道表面多余的胶黏剂，连接完后，10 min 内避免向管道施加外力，管道或管件静止固化时间见表 4-3。

表 4-3　黏接管道或管件静止固化时间　min

公称外径/mm	管道表面的温度	
	5～18℃	18～40℃
63 以下	20	30
63～110	45	60
110～160	60	90

4. 黏接式管道安装注意事项

管道安装时 PVC 胶黏剂不得在 5℃以下施工。黏接管道插口外侧和承口内侧需用锯条打毛，用毛刷将 PVC 胶黏剂均匀适量涂刷在管道黏接表面上，黏接好的管道要保持固定，不得移动。

三、热熔 PE 管的安装

PE 热熔管是一种热塑性材料，一般可在 190～240℃的范围内熔化，不同原料牌号的熔化温度一般也不相同，热熔 PE 管道具有耐侵蚀，无污染，使用寿命长等特点。

PE 管道连接主要有两种方法，即热熔连接和电熔连接，目前主要采用热熔连接。热熔连接原理是将两根 PE 管道的接合面紧贴在加热工具上加热，直至端面熔融，移走加热工具，将两个熔融的端面紧靠在一起，保持在压力作用下至接头冷却，使之成为一个整体。

(一)热熔焊接准备

1. 工具准备与人员组织

(1)工具有 PE 管热熔机、小型发电机、电锯等。

(2)每台焊机为一组,配备焊工 2 人,配合人员 2～3 人,若 PE 管管径大于 200 mm 时,配合人员应增加。

2. 焊接材料准备

核对管材规格、压力等级是否正确,检查其表面是否有磕、碰、划伤,如伤痕深度超过管材壁厚的 10%,应进行局部切除后方可使用。

3. 焊接设备试运行

(1)将与管材规格一致的卡瓦装入机架。

(2)调试发电机,正常输出工作电压和电流,接通焊机电源,打开加热板、铣刀和开关并试运行。

(二)热熔焊接安装流程

焊接工艺流程如下:检查管材并清理管端→紧固管材→铣刀铣削管端→检查管端错位和间隙→加热管材并观察最小卷边高度→管材熔接并冷却至规定时间→取出管材。在焊接过程中,操作人员应参照焊接工艺各项参数进行操作,在必要时,应根据天气、环境温度等对参数进行适当调整。

(三)热熔 PE 管的安装步骤

1. 管材及管件焊接口清理

热熔前先用布清除管端或管件的油污或异物。

2. 焊接准备

将要焊接的管材置于机架卡瓦内,使两端伸出的长度相当,为 20～30 mm,管材机架以外的部分用准备好的支撑物托起,使管材轴线与机架中心线处于同一高度,并能方便移动,然后用卡瓦紧固好。热熔焊接如图 4-14 所示。

图 4-14　热熔焊接

3. 焊接

(1)设定加热板温度200～230℃,具体加热温度以热熔机厂家提供的数据为准。

(2)管道置入铣刀,先打开铣刀电源开关,然后再合拢管材两端,并加以适当的压力,直到两端有连续的切屑出现后(切屑厚度为0.5～10 mm,通过调节铣刀片的高度可调节切屑厚度),撤掉压力,略等片刻,再退开活动架,关闭铣刀电源。

(3)取出铣刀,合拢两管端,检查两端对齐情况。管材两端的错位量不能超过壁厚的10%,通过调整管材直线度和松紧卡瓦予以改善;管材两端面间隙不能超过0.3 mm(*de*225 mm以下管材)、0.5 mm(*de*225～400 mm管材)、1 mm(*de*400 mm以上管材),如不满足要求,应再次铣削,直到满足要求。

(4)加热板温度达到设定值后,管材放入机架,施加规定的压力,直到两边最小卷边达到规定高度时,压力减小到规定值,时间达到后,松开活动架,迅速取出加热板,然后合拢两管端。其切换时间尽量缩短,冷却到规定时间后,松开卡瓦,取出连接完成的管材。

4. 焊接位置的选取

PE管管径较小时可在管沟外焊接,然后安全放入管沟。管径较大时必须在管沟里安装PE管材、管件。田间分干管PE管安装时常采用在管沟外热熔焊接好一段距离后,然后多人抬起放置在管沟中,这种方法施工速度较快,但要注意向管沟中放置管材时轻拿轻放。管道安装时弯转角度不宜过大,不要造成焊接处脱开或产生露缝。

(四)热熔焊接过程中易出现的质量问题及解决办法

参见表4-4。

表4-4 热熔焊接过程中易出现的质量问题及解决办法

序号	质量问题	产生原因	解决办法
1	焊道窄且高	熔融对接压力高、加热时间长、加热温度高	降低熔融对接压力,缩短加热时间,降低加热板温度
2	焊道太低	熔融对接压力低、加热时间短、加热温度低	提高熔融对接压力及加热板温度,延长加热时间
3	焊道两边不一样高	①两管材的加热时间和加热温度不同;②两管材的材质不一样,熔融温度不同,使两管材端面的熔融程度不一样;③两管材对中不好,发生偏移,使两管材熔融对接前就有误差	①加热板两边的温度相同;②选用同一批或同一牌号的材料;③设备的两个夹具的中心线重合,切削后使管材对中
4	焊道中间有深沟	熔融对接时熔料温度太低,切换时间太长	检查加热板的温度,提高操作速度,尽量减少切换时间
5	接口严重错位	熔融对接前两管材对中不好,错位严重	严格控制两管材的偏移量,管材加热和对接前一定要进行对中检查
6	局部不卷边或外卷内不卷或内卷外不卷	①铣刀片松动,造成管端铣削不平整,两管对齐后局部缝隙过大;②加压加热的时间不够;③加热板表面不平整,造成管材局部没有加热	①调整设备处于完好状态,管材切削后局部缝隙应达到要求;②适当延长加压加热的时间,直到最小的卷边高度达到要求;③调整加热板至平整使加热均匀

续表 4-4

序号	质量问题	产生原因	解决办法
7	假焊，焊接处脱开	①熔融对接压力过大，将两管材之间的熔融料挤走； ②加热温度高或加热时间长，造成熔融料过热分解	①降低熔融对接压力； ②降低加热温度、减小加热时间

四、玻璃钢夹砂管道的安装

(一)玻璃钢夹砂管道结构特性及产品规格

1. 结构特性

玻璃钢夹砂管，是在纤维缠绕工艺中，利用加强层将石英砂夹入其中，使其具有夹芯的结构，这样即降低了管道的玻璃钢综合造价成本，又提高了管道的整体刚度和强度。

玻璃钢夹砂管结构由内衬层、过渡层、结构层、外表层四部分组成。主要用于埋地管，具有质量轻、强度高、抗腐蚀、使用寿命长、运行和维修成本低等特点。

2. 产品规格

玻璃钢夹砂管的规格：DN100-4000 mm；压力等级：0.1 MPa、0.6 MPa、1.0 MPa、1.6 MPa、2.0 MPa、2.5 MPa；刚度等级：SN1250、SN2500、SN5000、SN10000；每根长度：6 m、12 m，长度也可根据用户需求专门定制。

(二)安装前的注意事项

安装之前，熟悉设计图纸，阅读说明书，安装时必须遵守以下事项：

1. 复核管材

复核管材的规格尺寸，压力等级。

2. 管材存放

管材应存放在平坦的地方，高温时堆放高度不宜过高，防止管口变形。

3. 预安装管材准备

依据施工图编制好施工计划。

装配管道之前，首先应对土方施工的基础尺寸进行检查，确认是否符合设计要求。

配置安装管线的管材与管件，如弯头、短管、法兰、三通、排水阀及与之相配的阀门等，并将管材按照要求摆放。

4. 准备安装设备与工具

安装工具有：手扳葫芦、手拉葫芦、挖掘机、其他机械等。

(三)玻璃钢夹砂管道的安装

1. 玻璃钢夹砂管道的连接方式

玻璃钢夹砂管道之间的接口形式，一般是承插式双○形密封圈，另外，根据具体施工情况，也采用法兰连接、现场糊制连接。

2. 玻璃钢夹砂管道的安装

(1)承插连接法

玻璃钢夹砂管各部件名称及配件名称，如图 4-15 所示。

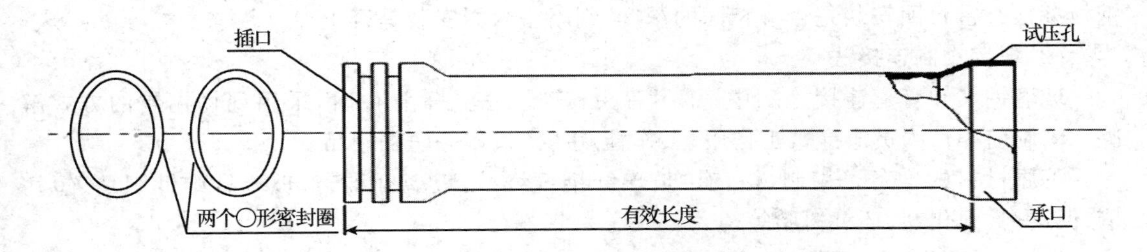

图 4-15 玻璃钢夹砂管各部件名称及配件名称

①布管。将每根管沿管沟摆放，摆放时将管的承口方向跟设计水流方向相反，如图 4-16 所示。

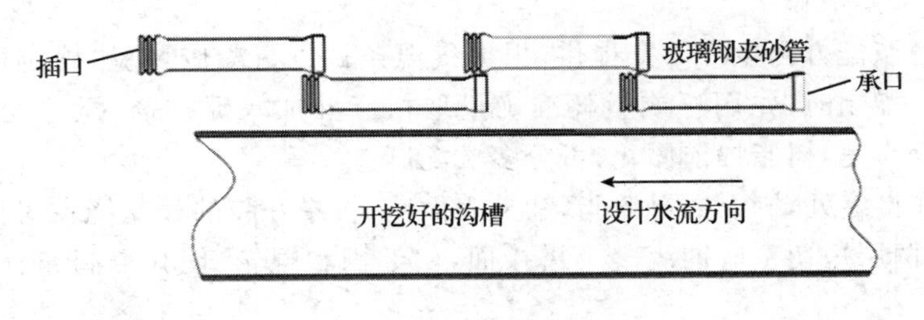

图 4-16 布管方向

②管道起吊。对于大口径管材，管道安装时采用吊葫芦或吊车将其吊离地面，减少管子与地面的摩擦，便于安装。

③安装时管道逆水流方向连接，连接前在基础上对应承插口的位置要挖一个凹槽。

④安装时再检查一遍承口和插口，布管、安装时应将试压孔朝正上方，在承口上安装打压嘴。

⑤如图 4-17 所示，量好承插长度，用记号笔在插口端做好标记。

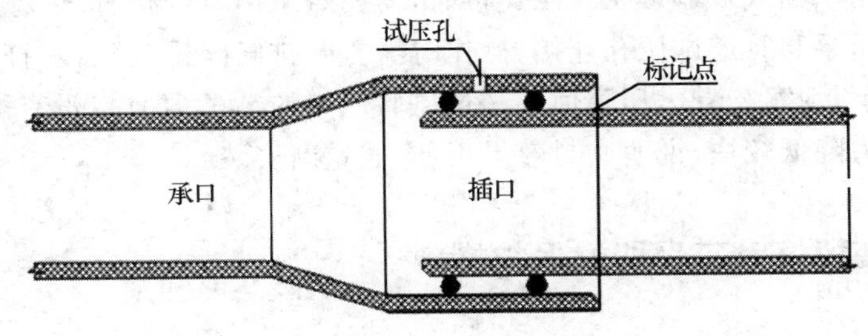

图 4-17 承插长度标记

⑥彻底清洁管表面、凹槽、胶圈。把两个○形橡胶圈无扭曲地套装在插口的凹槽内，胶圈安装好后检查胶圈就位情况。在管道承口内表面均匀涂润滑剂。用机械设备将要插入的玻璃钢管轻轻吊起，将插口慢慢推入承口，待承口端线与标记点重合，即安装到位。

⑦每根管道连接完成后，检查密封圈的位置。检查工具为钢板条或其他金属条。管道承口与插口缝隙内顺利插入的钢板条尺寸为：长大于 200 mm，宽 15 mm，厚 0.4～0.5 mm。

钢板条检查密封圈安装是否有相同的深度，判断密封圈安装是否正确。

(2)现场糊制连接法

玻璃钢夹砂管道连接施工中，需用弯头、三通、法兰等管件时，采用现场糊制的方式解决。糊制前操作人员应穿戴工作服、工作鞋、手套、口罩等防护用品。

①原材料的准备。糊制材料有：玻璃纤维缠绕纱、玻璃纤维布、玻璃纤维针织毡、短切毡、促进剂、固化剂、环氧树脂等。

②切割打磨。根据图纸及现场实际情况，在需切割处用记号笔画好切割线，用装有金刚石砂轮片的磨光机将需黏接的部位切开，切口应平整，切割尺寸误差不大于 2 mm。

③对接定位。将需要糊制的玻璃钢夹砂管或管件对接头合缝推紧，对正找平，使缝隙尽可能的小。检查管线是否水平，轴心线是否在同一直线上，如果用糊制法兰，则要使法兰眼对中。

④配胶。树脂配方由生产厂家提供，根据气温条件进行凝胶实验，确定树脂与引发剂、促进剂的配比。配制时，先用秤或量杯准确量取树脂并加入促进剂，搅拌均匀后加入引发剂。为防止未操作完，树脂提前固化，可分多次配制。

⑤封口。在接缝处，刷上内衬树脂，铺上表面毡，将浸好胶的长丝绕在对接的缝隙内，铺放两层短切毡，两层短切毡应铺满整个搭接面，用毛刷和辊轮，使其浸润充分、滚压平整、无气泡和皱纹。

⑥糊制。整个对接面刷一层胶，根据工艺单上规定的搭接宽度和铺层顺序铺放短切毡，缠绕玻璃布。每缠一层，用毛刷蘸上树脂，使之浸透，用辊轮滚压，赶尽气泡并抹平，不得留有皱纹、未浸润等不良情况。糊制时，对接口两边应平齐；不能一次多层铺放，每层铺好后用压辊滚压。

凝胶前，最好有专人看管，以防流胶。流胶处，应及时补胶，胶淤积处，用毛刷将胶抹匀，直至凝胶。

(四)玻璃钢夹砂管道承插口之间的打压

玻璃钢管采用承插式双○形密封圈连接时，需要对承插口进行打压，检测双○形密封圈的密封效果。试压泵与管道试压孔连接，操作时需打开排气阀排气，加水打压至管道工作压力的 1.5 倍后停泵，观察 2 min，压降值不超过试验压力的 5%，且管口没有渗漏现象时，管道连接合格。若压力降低较快，说明密封效果不佳，需重新安装。

五、施工安装暂停时应采取的保护措施

(一)管材及管件管护

(1)管件、阀门、压力表等设备应放在室内，严禁暴晒、雨淋和积水浸泡，以免造成损坏。

(2)存放在室外的管道及管件应加盖防护，已经施工连接的管材敞口端应临时封闭，以防杂物进入管道。

(二)安装暂停注意事项

(1)安装暂停时应切断施工电源，妥善保管安装工具。

(2)在居民区和道路旁开挖安装管道，要做好防护措施，立警示牌，避免人或车辆坠入管沟造成事故。

第四节　出地管、地面支管、辅管的安装

一、出地管道安装

出地管连接参见第一章图 1-31 至图 1-34，实物连接见图 4-18 出水栓连接示意图、图 4-19 出水栓出地示意图。

图 4-18　出水栓连接示意图

图 4-19　出水栓出地示意图

安装按以下步骤进行：

(1)根据图纸确定出地管的位置。

(2)出地桩与地下干管可选用鞍座和三通连接。选用鞍座连接时，在干管上用打孔器垂直打孔，不得歪斜，打孔后的塑料片不得掉入管道中。选用三通连接时，在出地处切断地埋管道，黏接三通，使三通出地口垂直向上，不得歪斜。

(3)用增接口连接时，特别注意胶垫不可忘装。

(4)安装外丝、内丝和球阀时，必须缠绕密封带。

(5)出地桩伸出地面高度不能太高，不能使地面支管架空。

二、地面支管的安装

目前滴灌系统中常用的支管有薄壁和厚壁两种，支管在铺设时都不宜铺得过紧，应使其呈自由弯曲状态。支管连接或在其上打孔时，最好在早晨或午后进行。

(一)薄壁支管连接

(1)将支管进口断面剪切平齐，钢卡套在薄壁支管外，将薄壁支管承插到带有矩形止水胶圈的阳纹承插直通承插口端，对准止水胶圈卡紧钢卡。

(2)相同口径两段支管连接时，选用两端有止水胶圈的承插直通。

(3)支管末端折叠后用铁丝扎紧或用一小段支管环套紧达到封堵管端的目的。

(二)厚壁支管连接

(1)厚壁支管选用直通与出地桩连接，管端应修剪平直，用弓形扳手或管钳紧固。

(2)支管末端用堵头连接。

三、辅管的铺设安装

带辅管的滴灌系统,需掌握辅管的安装注意事项。

1. 确定安装位置及数量

(1)按照设计要求确定辅管安装位置。

(2)根据设计图纸复核每条支管的辅管数量及长度。

2. 辅管安装

(1)确定好辅管的数量和长度后,按位置将支管、辅管分段切割。

(2)钢卡套在薄壁支管上,将薄壁支管承插到带有矩形止水胶圈的承插三通两端,最后将钢卡卡紧。

(3)安装球阀、三通,连接辅管。

具体安装步骤如图 4-20 所示。

(a) 安装胶圈

(b) 承插三通插入支管

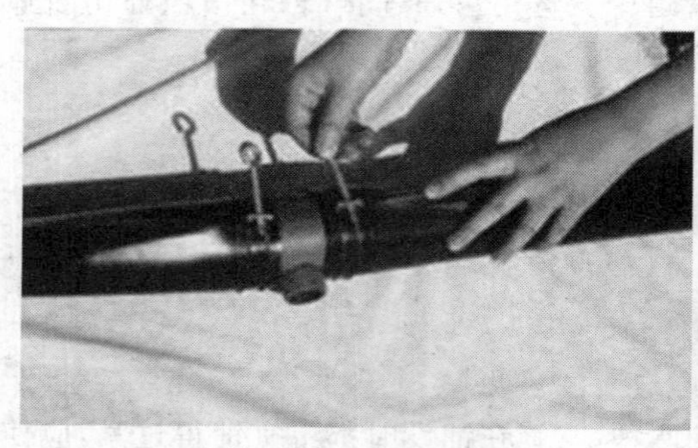

(c) 承插三通与支管连接

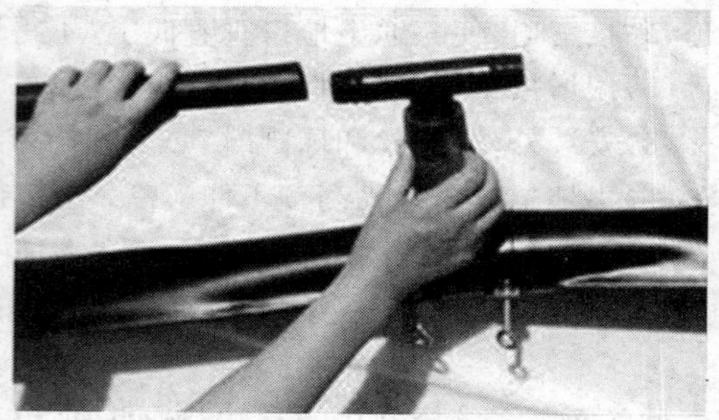

(d) 支管与辅管连接

图 4-20 辅管的铺设安装

第五节 管网附属工程施工

滴灌管网附属工程主要有阀门及阀门井、排水井、镇墩、进排气阀、管道保护装置等。

一、阀门、阀门井及排水阀、排水井

滴灌工程田间的阀门一般采用手动操作的蝶阀。骨干输水管网的阀门为闸阀，当直径较大时可采用电动。阀门应开启灵活、关闭严密。阀门一般采用法兰连接安装。

滴灌工程的阀门应安装在阀门井内，阀门井的尺寸应满足操作阀门及拆装管道阀门件所需的最小尺寸。滴灌工程常用预制成品的塑料及玻璃钢阀门井，也有现场砌筑的砖混阀门井(图 4-21)。根据地质土壤状况阀门井底部应铺设渗水垫层，利于水的下渗。

图 4-21　阀门井砌筑

滴灌工程排水阀一般设置在每条管道的末端和低洼处，以便排除管道沉积物和放空管道。如条件允许，可直接排水到河道及排盐碱区渠道内。排水井和阀门井材质相同。

二、进排气阀安装

滴灌工程各级地埋管道为压力管道，应根据设计在管道隆起点上安装进排气阀，以利于管道进水时排出其内气体，管道停止运行时及时使气体进入管道，避免产生负压。

进排气阀必须按照设计的位置、设计尺寸垂直向上安装。要定期检修养护，尤其是选用浮球密封气嘴的进排气阀，长期受压条件下易使浮球顶托气嘴过紧，影响浮球下落。管道的进排气阀需设置在井内(图 4-22)。

图 4-22　排气阀安装示意图

三、镇墩砌筑

一般在管道分岔、拐弯、变径、末端、阀门和直管处，每隔一定距离应设置镇墩(图4-23)。管道的水平或垂直转弯、各级管道连接和建筑物连接进出口等部位，如果安装管道较长、地形坡降较大或地形比较复杂要加设镇墩或支墩。镇墩、支墩的体积和结构通过计算确定。要注意的是不能将镇墩、支墩和管道一起浇筑，镇墩、支墩浇筑时先留预埋件，等管道安装后再把预埋件配件固定。镇墩设置安装实物如图 4-24 所示。

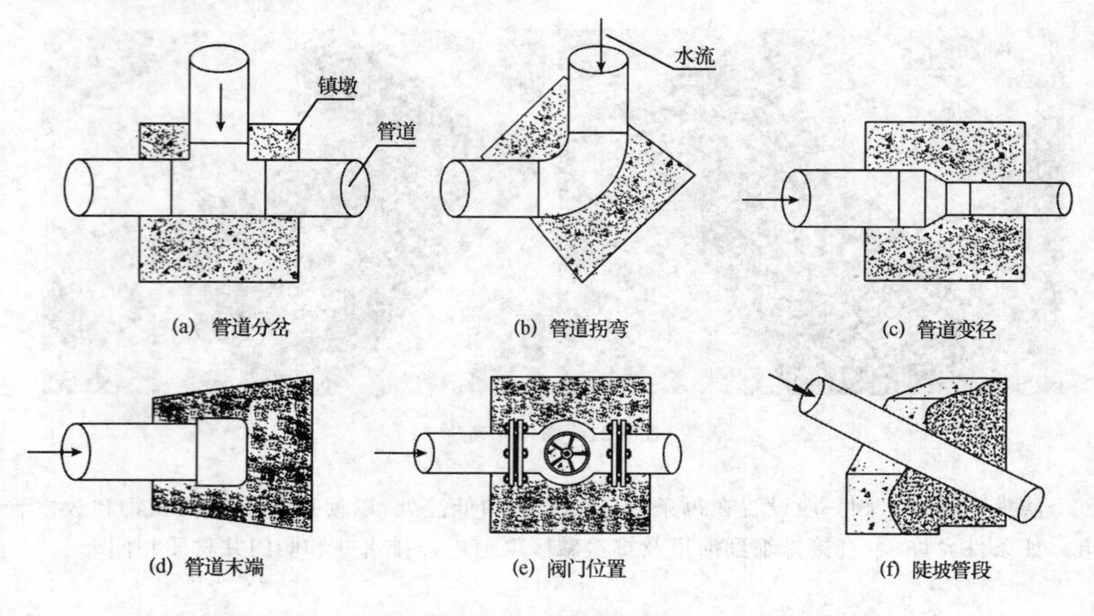

图 4-23 镇墩位置设置

图 4-24 镇墩设置安装实物

四、管道保护装置安装

管道保护装置主要指逆止阀、减压阀、调压阀等。

各种阀件应按图纸设计位置、尺寸安装。法兰连接时法兰中心线应与管件轴线重合，紧固螺栓齐全，能自由穿入孔内。法兰间需有止水垫片，安装时止水垫片不得阻挡过水断面。阀件应按流向标志安装，不得装反。

第五章　灌水器安装

第一节　滴灌带(管)田间铺设

一、滴灌带的田间铺设与安装

(一)滴灌带铺设

1. 铺设设备

大田膜下滴灌覆膜、播种、铺管联合作业机主要由以下几部分组成:机架部分、滴灌带铺设装置、铺膜装置、播种装置、镇压整形装置和覆土装置。

2. 作业工序

铺设作业时一次完成膜床整形—铺管—铺膜—膜边覆土—膜上点播—膜孔覆土—镇压等多项工序。

3. 注意环节

(1)机具与滴灌带接触部位应顺畅平滑,转动灵活,不能有毛刺或外加摩擦力,以免对滴灌带造成损伤。

(2)播种方向要顺直,短距离不易有较大方向的偏差,以免滴灌带拉伸偏向一侧,造成灌水不均匀。

播种机改装图及滴灌带铺设装置结构如图 5-1 所示。

(二)滴灌带的铺设要求

一般为田间机械化铺设(图 5-2),必须达到以下要求:

1. 设备的要求

铺设滴灌带的装置,导向轮应转动灵活,导向环应光滑,避免滴灌带在铺设中被挂伤或磨损。

2. 铺设要求

(1)滴灌带铺设不要太紧,地头留有 1 m 的富余量,便于自由伸缩;滴灌带铺设过紧会造成安装困难。

(2)单翼迷宫式滴灌带铺设时应将迷宫面也就是流道凸起面向上。

(3)滴灌带铺设装置进入工作状态后,严禁倒退。

(4)在铺设过程中,滴灌带断开位置及时做好标记,并将断头打结,以便于以后用直通连接,也可以避免沙子和其他杂物进入。

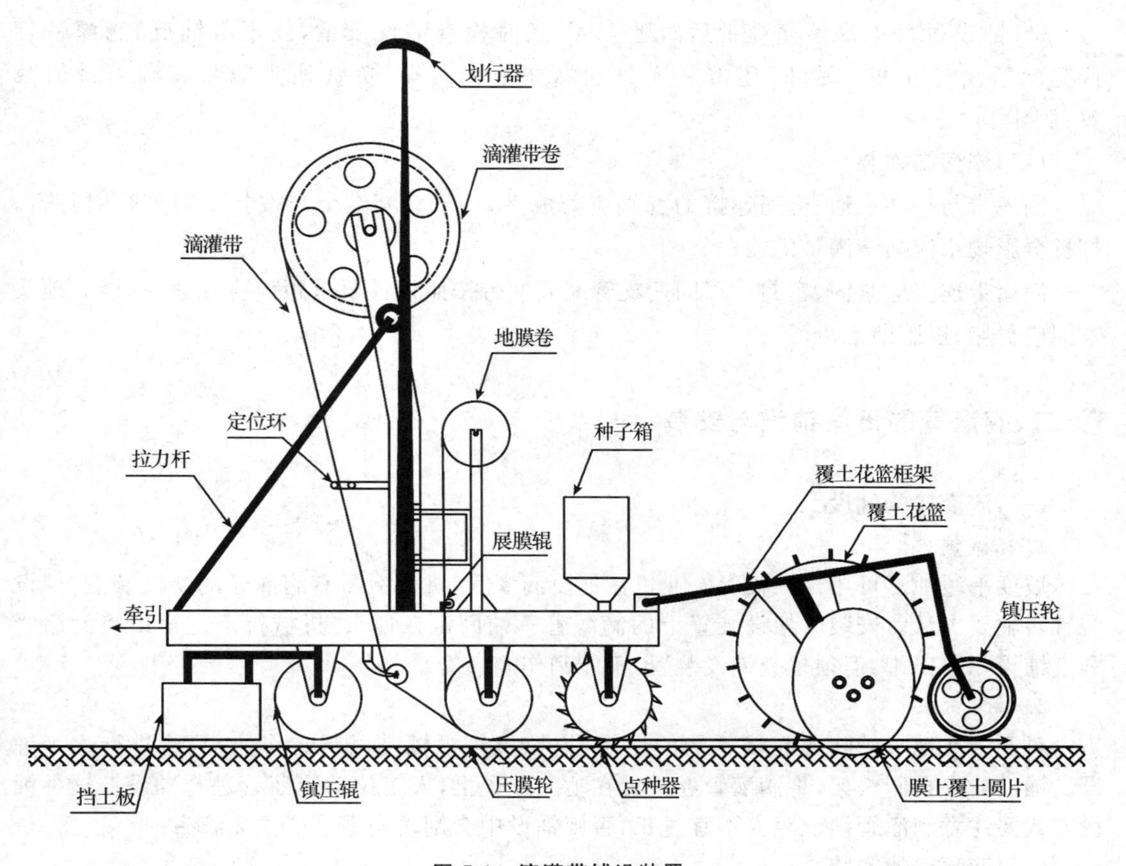

图 5-1　滴灌带铺设装置

图 5-2　滴灌带机械化铺设

(5)铺设过程中每条滴灌带后跟随1人，随时检查铺设质量，发现有铺反、滴灌带打折等问题及时解决。另外，还需2人分别站在地头两端，负责地头地膜和滴灌带的裁剪、固定。

(三)滴灌带安装

滴灌带与按扣三通、旁通连接的管端应剪成平口，严禁滴灌带与按扣三通连接时打折，打折会影响水流向滴灌带的输送。

滴灌带连接应紧固、密封。田间两支管间滴灌带按照设计要求距离应扎紧或打结，地头末端应封堵，以阻断水流。

二、滴灌管的田间铺设与安装

(一)滴灌管的铺设

1.机械铺设

坡度平缓地形可用拖拉机等农业机械铺设滴灌管，机械上需有滴灌管的架设装置，架设装置转轴要灵活。安装时架设装置上的滴灌管一端固定在地头，机械行走过程中将滴灌管顺直铺设在条田中，但须检查铺设装置，不能刮伤滴灌管。

2.人工铺设

对于一些地形较陡或起伏不平的地块，拖拉机等机械难以行走作业，只能进行人工铺设。铺设前先自制铁架，将滴灌管卷放置在地头架子上，人工拉动滴灌管进行铺设。这种铺设方式要注意滴灌管铺设距离不宜过长，否则铺设中会刮伤滴灌管或损坏滴头。

(二)滴灌管的安装

滴灌管可以在生产过程中根据滴头间距将滴头安装在管带上，也可以铺设好后再打孔安装滴头。果树、苗木种好后一般选用先铺管再根据苗木位置安装滴头；如知道将要种植的苗木株距，可在生产过程中安装滴头，铺设好滴灌管后再种植苗木、果树。

第二节　滴灌带(管)与支、辅管连接

滴灌带铺设完毕，支、辅管安装好后，进行滴灌带与支、辅管的连接。连接安装时注意以下问题(图5-3)。

(1)在支管或辅管上打孔时，孔口位置要与滴灌带铺设位置对准，软管上打孔时严禁损伤下层壁。采用按扣三通连接时，打孔孔口垂直向上。当采用旁通连接时，孔口朝向滴灌带铺设的一侧，且与地面平行。

(2)滴灌带与支、辅管连接处用剪刀或小刀剪裁成平口状。

(3)滴灌带与支、辅管上的按扣三通或旁通应连接牢固，防止脱落。

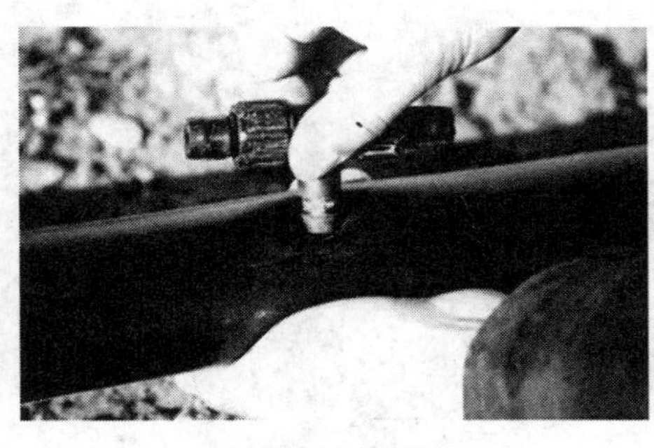

(a) 安装按扣三通

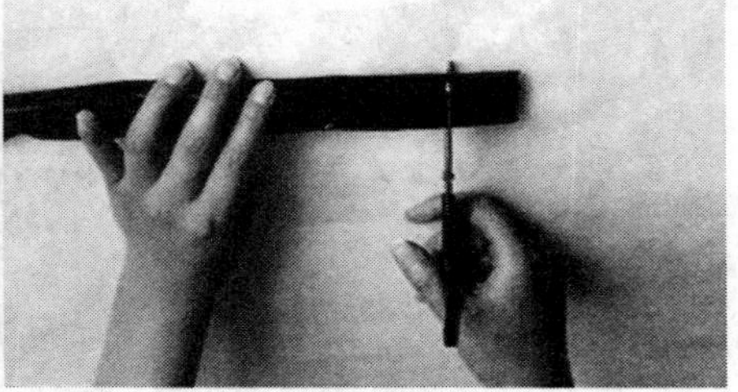

(b) 滴灌带剪裁

(c) 辅管、滴灌带、按扣三通连接

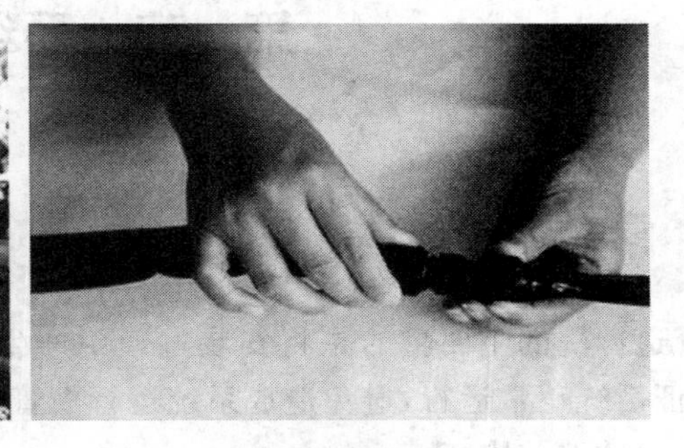

(d) 滴灌带与直通连接

图 5-3 滴灌带与辅管或支管连接

第六章　滴灌系统的运行

第一节　系统的试运行

一、管道的冲洗

管道冲洗的主要目的是将安装过程中产生的废料及管道中进入的泥土等杂物冲出管道，保证系统正常运行，避免造成系统运行中管道或滴灌带的堵塞。

(一)冲洗前检查

首先要检查仪器、仪表工作正常，设备是否配套完好、操作灵活，滴灌系统的压力表精度不低于2.5级，阀门开关灵活，排气装置通畅，管道连接紧密，螺栓无松动，阀门处于开启状态。

(二)管道冲洗程序

系统设计必须要满足在冲洗过程中不低于0.5 m/s的冲洗流速。管道的冲洗应由上至下逐步进行，按干管、分干管、支管、辅管和毛管顺序冲洗，支管和毛管应按轮灌组冲洗，冲洗过程中应该及时检查管道情况，并做好冲洗记录。冲洗的步骤和要求为：

1.冲洗步骤

打开系统枢纽总控制阀和待冲洗管道的阀门，关闭其他阀门，然后启动水泵，进行干管和分干管冲洗，一般干管和其中一条分干管同时进行冲洗，对于多条分干的滴灌系统，依次顺序进行冲洗；干管和分干管冲洗完毕，打开一个轮灌组的各支管进口和末端阀门，进行支管冲洗；同理进行辅管的冲洗，有特殊要求可对滴带(管)进行冲洗。

2.冲洗要求

对干管和分干管的冲洗，直到分干管末端出水清洁无杂物排出为止，并关闭干管末端阀门，同理对支管和辅管冲洗，然后关闭支管和辅管末端阀门进行毛管冲洗，要求支、辅、毛管末端出水清洁为止，然后再进行下一个轮灌组的冲洗。

要注意滴灌管的冲洗：滴灌管冲洗是没有任何化学药品可以用来解决的。待水到达滴灌管末端时，滴灌管末端可以打开关闭1次，使压力产生波动，冲出泥沙，水流干净后封堵滴灌管的末端，防止跑水，但不能用铁丝等硬物绑扎。滴灌系统运行1周后，打开一次滴灌管的末端，冲除末端积存的细小微粒，管线须一个一个地打开，以保证系统内压力正常，每个月依次打开各个轮灌组的末端堵头，使用高压水冲洗主、支管道，延长滴灌管的使用寿命。

二、管道试压

在滴灌系统正式运行前，要对各连接处进行检查和试压，确保滴灌系统在运行过程中不出现问题。

(一)试压介质

滴灌系统通常用两种方式试压：水压和气压。

1. 水压

将待试压管道注水排空管道空气后，注满水进行密闭增压，测试管道耐压和密封强度。PVC-U 管较多用水压试压。

2. 气压

滴灌系统常见试压是将管道管端密封，一端利用气嘴和空气压缩机连接，对管道进行充气，根据管道压力等级对其进行充气试压。焊接 PE 管较多采用气压试压。

在条件允许的条件下，可选用水压试压。图 6-1 为常见空气压缩机，有电力条件下使用。不具备电力条件下，选用柴油机作为动力和空气压缩机的配套产品(图 6-2)。

图 6-1　空气压缩机

图 6-2　柴油机+空气压缩机

(二)试压前检查

1. 电机及配电柜检查

首先检查设备是否完好，电缆是否有破损，启动电机后，观察仪表指针是否在要求的范围内，在水泵运转过程中注意仪表变化并注意水泵和电缆发热状况，是否超负荷。

2. 过滤设备检查

(1)对系统首部枢纽进行检查，确保系统首部各设备都能够正常工作。

(2)对试压设备、压力表、放气管及进水管等设施进行检查，检查管道能否正常排气及放水，保证系统的密封性及其功能。

3. 管网及附属物检查

对各级阀门、管道接口、镇墩等其他附属设施外观以及回填情况进行认真的检查，并及时检查阀门、弯头及三通等支撑是否牢固。

(三)试压程序及要求

1.试压程序

(1)首先,渗漏性试验,缓慢地向试压管道中注水,管道充满水后,排除管道中的空气,在无压情况下,至少保持不小于2 h。

(2)其次,严密性试验,管道内达到额定工作压力的1.2倍,并保持试压1 h,检查各部位是否有渗漏或其他不正常现象。为保持管内压力,可向管内补水。

(3)最后,强度试验,管内试验压力不得超过设计工作压力的1.5倍,且最小不得低于0.5 MPa。

2.试压应达到的要求

(1)渗漏性试验状态下无渗水。

(2)严密性试验条件下在1 h中无渗漏现象为合格。

(3)严密性试压合格后进行强度试验,管道在压力状态下保持1 h或满足设计的特殊要求。每当压力降低0.02 MPa时,则应向管内补水,为保持管内压力所增补的水为漏水量的计算值,根据有无异常和漏水量来判断强度试验的结果。在强度试验时,若漏水量不超过表6-1中所规定的允许值,则试验管段承受了强度试验。

表6-1 不同管径每千米管段允许漏水量

管道外径/mm	每千米管段允许漏水量/(L/min)	
	黏结连接	橡胶圈连接
63~75	0.2~0.24	0.3~0.5
90~110	0.26~0.28	0.6~0.7
125~140	0.35~0.38	0.9~0.95
160~180	0.42~0.5	1.05~1.2
200	0.56	1.4
225~250	0.7	1.55
280	0.8	1.6
313~400	0.85	1.7

管道允许最大漏水量计算见公式(6-1):

$$q_s = k_s\sqrt{d} \tag{6-1}$$

式中:q_s——1 000 m长管道允许最大渗漏量,L/min;

k_s——渗漏系数,硬聚氯乙烯管、聚丙烯管取0.08,聚乙烯管取0.12;

D——管道直径,mm。

(4)使用PE热熔输水管道,在没有便利水源条件试压时,可采取压缩空气进行试压。试压时,应检查空压机和管道连接处是否连接牢靠,防止试压时脱开造成安全事故,启动空压机,缓慢打开空压机阀门给管道注气,同时观察压力表,当压力表值到0.05 MPa时,缓慢关闭空压机阀门,保压1 h,观察压力表值,进行管道密封性测试;如无泄漏,则缓慢开启尾部阀门进行泄气泄压。

三、滴灌系统试运行

滴灌系统试运行是对系统安装是否合格的检验。主要步骤如下：

(1)首先根据田间管网运行要求，打开田间滴灌系统的一个轮灌组各级控制阀门和相应输水管道的控制阀门。

(2)关闭系统首部过滤装置的进水阀门。

(3)开启水泵后，再缓慢打开系统首部过滤装置的进水阀。

(4)待一个轮灌组试运行结束后，先开启下一个轮灌组各级控制阀门，再关闭试运行结束的轮灌组田间控制阀门，对下一轮灌组进行田间管网的试运行。

第二节　系统运行管理

一、系统运行要求

膜下滴灌系统在运行前，首先要清楚系统各部分要达到的运行管理目标，以利于按照系统运行管理质量进行操作。

(一)系统首部

1.沉淀池(或蓄水池)管理

对沉淀池(或蓄水池)等水源工程应经常检查，发现损坏情况及时维修，对其内的沉积物要定期清理。在灌溉季节结束时应排放存水，以免因冬季寒冷冻坏水池。

2.水泵及电机管理

水泵及电机应严格按照其操作手册和说明书的规定进行操作与管理。

3.过滤器管理

过滤器在每次工作前要进行清洗；在滴灌系统运行过程中，应严格按过滤器设计的流量与压力进行操作，严禁超压、超流量运行，若过滤器进出口压力差超过正常工作压力的25％～30％，要对过滤器进行反冲洗或清洗；灌溉施肥结束后，要及时对过滤器进行冲洗。

4.施肥罐管理

施肥罐中注入的固体肥料(或药物)颗粒不得超过施肥罐容积的2/3。

(二)输配水管网系统

1.管道及阀门的检修与管理

每年灌溉季节开始前，应对地埋管道进行检查、试水，保证管道畅通，闸阀及安全保护设备应启动自如，阀门井中应无积水，裸露地面的管道部分应完整无损，量测仪表要盘面清晰，指针灵敏。灌溉季节结束时，对管道应冲洗泥沙，排放余水，对系统进行维修，阀门井加盖保护，在寒冷地区，阀门井与干支管接头处应采取防冻措施；地面管道应避免直接暴晒，停止使用时，存入通风、避光的库房，塑料管道应注意冬季防冻。

定期检查系统管网的运行情况，如有漏水要立即处理；系统管网在每次工作前要先进行冲洗，在运行过程中，要检查系统水质情况，视水质情况对系统进行冲洗。

2.压力要求

系统第一次运行时,需进行调压,可使系统各支管进口的压力大致相等,维持薄壁毛管压力≤0.1 MPa,调试完毕后,在球阀相应的位置做好标记,以保证在其以后的运行中,其开启度能维持在该水平。

严格控制系统在设计压力下安全运行;系统运行时每次开启一个轮灌组,当一个轮灌组结束后,必须先开启下一个轮灌组,再关闭上一个轮灌组,保证管道不受损坏,严禁先关后开。

3.安全巡视与保护

系统运行过程中,要经常巡视检查滴灌带,必要时要做流量测定,发现滴头堵塞要及时处理,并按设计要求定期进行冲洗。

田间农业管理人员在放苗、定苗、锄草时应避免损伤滴灌带。

(三)潜水泵运行操作要求

潜水泵是深井提水的重要设备。使用时整个机组潜入水中工作。把地下水提取到地表,主要用于农田灌溉及高山区人畜用水。开泵前,吸入管和泵内必须充满液体。开泵后,叶轮高速旋转,其中的液体随着叶片一起旋转,在离心力的作用下,飞离叶轮向外射出,射出的液体在泵壳扩散室内速度逐渐变慢,压力逐渐增加,然后从泵出口排出。此时,在叶片中心处由于液体被甩向周围而形成既没有空气又没有液体的真空低压区,液池中的液体在池面大气压的作用下,经吸入管流入泵内,液体就是这样连续不断地从液池中被抽吸上来又连续不断地从排出管流出。

潜水泵启动前检查项目应符合下列要求:

(1)水管结扎牢固。

(2)放气、放水、注油等螺塞均旋紧。

(3)叶轮和进水节无杂物。

(4)电缆绝缘良好。

(5)接通电源后,应先试运转,检查并确认旋转方向正确,在水外运转时间不得超过5 min。

(6)应经常观察水位变化,叶轮中心至水面的垂直距离应在0.5~3.0 m之间,泵体不得陷入污泥或露出水面。电缆不得与井壁、池壁相擦。

(7)新泵或新换密封圈,在使用50 h后,应旋开放水封口塞,检查水、油的泄漏量,如超过5 mL,应进行0.2 MPa的气压试验,查出原因,予以排除。

(8)经过修理的油浸式潜水泵,应先经0.2 MPa气压试验,检查各部无泄漏现象,然后将润滑油加入上、下壳体内。

(9)当气温降到0℃以下时,在停止运转后,应从水中提出潜水泵擦干后存放室内。

(10)每周应测定一次电动机定子绕组的绝缘电阻,其值应无下降。

(四)离心泵运行操作要求

离心泵主要依靠离心力作用来输送液体,故称其为离心泵。离心泵在运转之前必须先在泵内灌满液体并将叶轮全部浸没。当泵运转时电动机带动叶轮上的叶片高速旋转,叶片带动液体一起旋转因而产生离心力,在此离心力作用下叶轮中的液体沿叶片流道被甩向叶轮外缘,经涡壳送入排出管,而叶轮中间吸入口处却形成了低压,使外部液体不断地经吸入管路进入叶轮中心。这样在叶轮旋转过程中一边不断吸入液体一边又不断给吸入液体一定的能量将液体排出并输送到工作地点，滴灌常用离心泵如图 6-3 所示。

图 6-3　离心泵

1. 正确的开停工程序及严格的检查制度

(1)开工程序

①开机前检查水泵地脚螺栓有无松动，联轴器护罩、电机风叶罩是否完好，以保证设备安全与人身安全。

②开泵前应先打开泵的入口阀及密封液阀，检查泵体内是否已充满液体。在确认泵体内已充满液体且密封液流动正常时再启动离心泵。

③启动水泵，待转速达到正常转速后，缓慢打开出口阀门，通过流量及压力指示，同时观察电流表，将电流控制在电机额定电流范围内运行，将出口阀调节至需要开度。

(2)停工程序

①慢慢关闭离心泵出口阀。

②按启动柜按钮，停止电机运转。

③带有止回阀的管路，在确保止回阀完好情况下无需关闭出口阀门。

(3)运行时的巡回检查

①运行中要求水泵运行平稳，无异常噪声，无压力大幅度波动。发现异常情况要及时停机。

②检查泵的出口压力或流量指示是否稳定。

③检查压力表指针确定流量是否正常。

④检查泵体有无泄漏。

⑤检查泵体及轴承系统有无异常声响及振动。

⑥检查泵轴的润滑油是否充满完好。

2. 离心泵维护保养

(1)检查泵进口阀前的过滤器滤网是否破损，如有破损应及时更换，以免焊渣等颗粒物进入泵体，并定时清洗滤网。

(2)泵壳及叶轮进行解体、清洗重新组装时应调整好叶轮与泵壳间隙。叶轮有损坏及腐蚀情况的应分析原因并及时做出处理。

(3)定期清洗轴封、轴套系统，更换润滑油，以保持良好的润滑状态。

(4)检查电机。长期停泵时，开泵前应将电机进行干燥处理。

(5)检查仪表指示是否正确、转动是否灵活，对失灵的仪表及部件进行维修或更换。

(6)检查泵的进出口阀，阀体是否有磨损以致发生内漏等情况，如有内漏应及时更换阀门。

(五)过滤系统运行操作要求

滴灌用过滤器常见多为组合式，有离心＋网式(叠片)组合式过滤器，如图 6-4 所示；砂石＋网式(叠片)组合式过滤器，如图 6-5 所示；离心＋砂石＋网式(叠片)组合式过滤器，如图 6-6 所示；新型泵前渗透微滤机，如图 6-7 所示；全自动反冲洗过滤器，如图 6-8 所示；网式过滤器，如图 6-9 所示；叠片过滤器，如图 6-10 所示等。

过滤器的目的和意义是将直径大于滴灌带流道的颗粒物过滤掉，防止流道堵塞。

图 6-4　离心＋网式组合式过滤器

图 6-5　砂石＋网式组合式过滤器

图 6-6　离心＋砂石＋网式组合式过滤器

图 6-7　新型渗透微滤机

图 6-8　全自动立式(卧式)反冲洗过滤器

图 6-9　网式过滤器

图 6-10　叠片过滤器

1. 离心式过滤器

离心式过滤器外形为圆锥形,它由进水口、出水口、漩涡室、分离室、储沙室和排污室等部分组成(见图 6-4),工作原理:压力水流通过漩涡室作旋转运动,水流产生离心力,在离心力的作用下,比水重的杂质推移向四周,沿着漩涡室壁向下沉,此时,清水向上升,出现水沙分离现象,杂质流入储沙室,清水通过出水口流入输水口进入网式过滤器进行二次过滤。离心式过滤器清洗比较简单,每天打开排沙阀冲洗两次即可,每次冲洗见到清水为止。

2. 砂石过滤器

砂石过滤器是利用砂石介质间隙进行过滤,常采用石英砂或花岗岩碎砂石为过滤介质,介质的粒度、厚度和其空隙度分布情况决定过滤效果的优劣,需严格按过滤器的设计流量操作。当被过滤的混浊水中的污物、泥沙会堵塞空隙时,需要进行反冲洗。过滤器使用到一定时间(沙粒损失过大、粒度减小或过碎),应更换添加过滤介质。砂石过滤器是滴灌水源很脏情况下,使用最多的过滤器,它滤除有机质的效果很好。不能滤除淤泥和极细土粒。一般用于水库、明渠、池塘、河道、排水渠及其他含污物水源作初级过滤器使用(见图 6-5)。

3. 网式过滤器

网式过滤器主要由容器内的滤网起作用，滤网一般用尼龙丝、不锈钢制作，网式过滤器能很好地清除滴灌水源中的极细沙粒，灌溉水源比较清时使用它比较有效，但是，当藻类或有机污物较多时容易堵死，需要经常清洗（见图 6-9）。

4. 叠片过滤器

叠片过滤器和其他过滤器一样，也是由滤壳和滤芯组成，滤壳材料一般为塑料，或不锈钢，或涂塑碳钢，形状有很多种；滤芯形状为空心圆柱体，空心圆柱体由很多两面注有微米级正三角形微细流道沟槽的环形塑料片组装在中心骨架上组成。每个过滤单元中被弹簧和水压压紧的叠片便形成了无数道杂质无法通过的滤网，总厚度相当于 30 层普通滤网（见图 6-10）。

二、系统运行操作步骤

（一）沉淀池

（1）系统运行前先清除沉淀池中脏物，当水质较混浊时，应关闭进水口，待水清后再进入沉淀池，以免沉淀池过滤负担过重。并在沉淀池进水口设置拦污栅。

（2）检查沉淀池各级拦污筛网边框，使之与沉淀池边壁结合紧密；若有杂物或泥堵塞筛网眼，应及时清洗筛网；对破损的筛网应及时更换。

（3）离心水泵进水管需用 50～80 目筛笼罩住，筛笼直径不小于泵头直径 2 倍。水泵开启前，应认真检查筛网是否干净，对有破损的筛网应及时进行更换。

（二）水泵

1. 离心泵的运行操作

（1）启动前准备

①检查试验电机转向是否正确，从电机顶部望泵为顺时针旋转，试验时间要短，以免使机械密封干磨损。

②打开排气阀使液体充满整个泵体，待充满后关闭排气阀。

③检查水泵各部位是否正确。

④用手盘动水泵以使润滑液进入机械密封端面。

（2）操作步骤及要求

①合上柜内空气开关（ZK）（该开关设有短路过流保护）；通过面板切换开关（CKT）和电压表检查三相电压是否平衡，且均为 380 V（如不平衡可检查三只 RD 是否熔断），否则严禁启动设备。

②泵体是否充满水（排气检查），严禁无水运行；若电流检查及水泵充水正常时，可将“手动、自动”切换开关切于“自动”；按“启动”按钮，注意观察柜体表计的变化和水泵的工作状态。

③当水泵“启动”运转 10～12 s 后逐渐平稳时，由时间继电器（SJ）自动将“启动”转为“运行”工况。

④如果一次“启动”失败，则需经过 7 min 左右的时间后方可进行第二次“启动”操作，否则易造成设备损坏。

⑤应时常注意检查电机温度和异常噪声，如发现异常可按“停止”或“急停”按钮，禁止电机运转时拉闸。

⑥应注意电压过低运行时，电机会过载运行（$Ig \leqslant 0.5\%$），当其连续运行时间 $t \leqslant 4$ h，待冷却一段时间再投入运行。

⑦检查轴封漏情况，正常时机械密封泄露应小于 3 滴/min。

⑧检查电机轴承处温升应≤70℃。

⑨非经专业人员及设备管理人员指导和许可，严禁他人擅自改变设备参数及操作设备。

⑩设备管理人员应逐步熟知设备工作原理及熟练各项操作。

所有以上操作及维护工作都必须严格执行国家有关电气设备工作安全的组织措施和技术措施之规定，确保自身和他人及电气设备不受损害。

2. 潜水泵的运行操作

(1)启动前准备

①电源必须接地可靠，加装漏电保护器。

②11 kW 以下的潜水泵允许直接启动。13 kW 以上的潜水泵应配备降压启动柜来保护潜水泵的安全运行。

③水泵下水后用 500 V 遥表测电机对地电阻不低于 0.5 MΩ。

④检查三相电源电压是否符合规定，各种仪表、保护设备及接线正确无误后方可开闸启动。

⑤为了避免潜水泵转子瞬间上窜及减小启动负荷，潜水泵启动时应把出口阀门行程关至 3/4 处（留 1/4 气隙以便放气），待启动出水后缓缓打开。

(2)操作步骤及要求

①电机启动后慢慢打开阀门调整到额定流量，观察电流、电压应在铭牌规定的范围内，听其运动声有无异常及震动现象，若存有不正常现象应立即停机，找出原因并处理后方可继续开机。

②启动完毕开始运转后，应加强监护及观测水位变化，保证潜水泵在工况范围内运行，待潜水泵运行平稳后方可投入正式运转。

③电泵第一次投入运转 4 h 后，停机速测热态绝缘电阻。

④停泵后，第二次启动要隔 5 min，防止电机升温过高和管内水锤发生。

(三)过滤器

1. 离心式过滤器

(1)离心过滤器集沙罐设有排沙口，工作时要经常检查集沙罐，定时排沙，以免罐中沙量太多，使离心过滤器不能正常工作；

(2)在滴灌系统不工作时，水泵停机，清洗集沙罐；

(3)进入冬季时，为防止整个系统冻裂，要打开所有阀门，把水排干净。

2. 砂石过滤器

砂石过滤器的冲洗是其正常工作的保证，需用过滤后的清洁水进行反冲洗，要控制好反冲洗的水流量。当过滤器进出口间压力差超过预设压力差 0.02 MPa 时，就要立刻进行反清洗。在冲洗过程中，可关闭一组过滤器进水中的一个蝶阀，同时打开相应排水蝶阀排污口，使由另一只过滤器过滤后的水由过滤器下体向上流入介质层进行反冲洗，泥沙、污物可顺排沙口排出，直到排出水为清水无混浊物为止（每次可对一组两罐进行反冲洗）。反冲洗完毕后，应先关闭排污口，缓慢打开蝶阀使砂床稳定压实。稍后对另一个过滤器进行反冲洗。

对于悬浮在介质表面的污染层，可待灌水完毕后清除，对于受污染的介质，可用干净的介质代替。视水质情况应对介质每年1～6次进行彻底清洗。对于因有机物和藻类产生的堵塞，应按一定比例在水中加入氯或酸，浸泡过滤器24 h，然后反冲洗直到放出清水，排空备用。冲洗方法：

(1)手动反冲洗过滤器操作步骤

①调整首部总阀的开启度，以获得足够的反冲洗压力；

②缓慢打开反冲洗控制阀和排污管上的反冲洗流量调节阀；

③检查水流，当发现有过滤物被冲出时，立刻将反冲洗流量调节阀锁定在此位置不动。

(2)自动反冲洗过滤器操作步骤

①确定过滤器通过洁净水时进出口水压差，差值不大于0.03 MPa；

②在系统运行初期，仔细观察每次反冲洗效果，为防止罐底部集水装置被细小的滤料堵塞，可适度增加反冲洗的频率；

③定期检查排污管排出的水是否洁净，若发现在反冲洗结束时排出的水仍含有需排出的杂质，应适当增加反冲洗的时间；

④从一个罐反冲洗控制阀关闭到另一个反冲洗控制阀完全打开之前，必须预留一定时间，并使罐内压力回升到有足够的反冲洗压力。

3.网式过滤器

当水中悬浮的颗粒尺寸大于过滤网上孔的尺寸，就会被拦截，在网上积聚了一定量的污物后，过滤器进出口间就会产生压力差，当进出口压力差超过0.02 MPa时，应对网芯进行清洗。清洗方法如下：

(1)打开封盖，将网芯抽出清洗，两端保护密封圈用清水冲洗，也可用软毛刷刷净，但不可用硬物。

(2)当网芯内外都清干净后，应将过滤器金属壳内的污物用清水冲净，由排污口排出。

(3)按要求装配好，重新装入过滤器。

4.叠片式过滤器

叠片式过滤器的过滤介质由很多个可压紧和松开的带有微细流道的环状塑料片组成。压紧环状塑料片时其复合内截面提供了类似于在砂石过滤器介质中产生的三维过滤区，需要冲洗时打开回流阀松开环状塑料片即可。叠片式过滤器可提供高水平的过滤，过滤精度远高于网式过滤器。

(四)施肥罐

目前大田膜下滴灌中常用的是压差式施肥罐，主要的操作步骤为：

(1)打开施肥罐，将所需滴施的肥料倒入施肥罐中，注入的固体颗粒不得超过施肥罐容积的2/3。

(2)打开进水球阀，进水至罐容量的1/2后停止进水，并将施肥罐上盖拧紧。

(3)滴施肥时，先开施肥罐出水球阀，再打开其进水球阀，稍后缓慢关两球阀间的闸阀，使其前后压力表相差约0.05 MPa，通过增加的压力差将罐中肥料带入系统管网之中。

(4)滴施肥20～40 min即可完毕，具体情况根据经验以及罐体容积大小和施肥量的多少判定。

(5)滴施完一轮灌组后，将两侧球阀关闭，应先关进水阀后关出水阀，再将罐底球阀打开，把水放尽，再进行下一轮灌组滴施。

(五)输配水管网系统及其附属设施

输配水管网系统的正常运行是滴灌系统滴水均匀的保证，其操作步骤如下：

(1)管网系统在通水前，首先要检查各级管道上的阀门启闭是否灵活，管道上装设的真空表、压力表、排气阀等设备要经过校验，干管、支管必须在运行前冲洗干净。

(2)根据设计轮灌方式，打开相应的分干管、支管、辅管或毛管进水口的阀门，使相应灌水小区的阀门处于开启状态。

(3)启动水泵，待系统总控制阀门前的压力表读数达到设计压力后，开启闸阀使水流进入管网，并使闸阀后的压力表达到设计压力。

(4)检查支管和毛管运行情况，若辅管、毛管漏水，先开启邻近一个球阀，再关闭对应球阀进行处理，支管漏水需关闭其控制球阀进行处理。

(5)灌水时每次开启一个轮灌组，当一个轮灌小区结束后，先开启下一个轮灌组的各级阀门，再关闭当前轮灌组的相应阀门，做到“先开后关”，严禁“先关后开”。

(6)每年灌溉季节结束后，应将地埋干管、分干管等管道冲洗干净，并排净管内余水。对铺设于地表的支管、辅管要及时回收，防止在回收和运输过程中损坏管道。

(六)滴灌带

新疆大田滴灌大部分使用一次性薄壁单翼迷宫式滴灌带，其运行压力一般在0.05～0.1 MPa，因此在运行时，要特别注意系统的压力。在滴灌带运行过程中要勤检查，发现破损、漏水时要及时更换或补救。指导、监督田间农业管理人员在放苗、定苗、锄草时避免损伤滴灌带。在灌溉季节结束后，要重视其回收工作，以免残留在农田中造成污染。

第三节　系统维护

对滴灌系统设备进行日常维护和保养是正常运行的重要保证，需要懂滴灌技术和责任心强的固定管理人员开展这方面的工作，并在此基础上建立健全科学的维修保养制度。

一、系统首部

(一)水源工程

需定期对蓄水池内泥沙等沉积物进行清洗排除，由于开敞式蓄水池中藻类易于繁殖，在灌溉季节应定期向池中投入绿矾(硫酸铜)，使水中的绿矾浓度在0.1～1.0 mg/kg，防止藻类滋生。

(二)水泵

(1)在水泵每次停止工作后，应擦净表面水迹，防止生锈。

(2)用机油润滑的新水泵运行1 000 h后，应及时清洗轴承及轴承体内腔，更换新油；用黄油(钙酸脂)润滑的水泵,每年运行前应将轴承及轴承体清洗干净,更换润滑油。严禁机械密封在干磨情况下工作。

(3)离心式水泵运行超过 2 000 h 后,所有部件应进行拆卸检查,清洗,除锈去垢,修复或更换各种损坏零件,必要时可更换轴承,机组大修期一般为 1 年。

(4)经常启动设备会造成接触“动、静”触头烧损,应不定期检查并用砂纸打磨,触头接触面严重烧损的,触头应该及时更换。

(三)过滤器

(1)对网式过滤器的滤网要经常检查,发现损坏应及时修复或更换,灌水季节结束时,应取出过滤器的网芯,刷洗晾干后备用。

(2)对砂石过滤器因有机物和藻类产生的堵塞,应按一定比例在水中加入氯或酸浸泡,并排干水箱中的水,使其保持干燥。同时检查过滤器内砂石的多少,是否有砂的结块或有其他问题,结块和黏着的污物应予清除,若由于冲洗使砂石减少,则需补充相应粒径的砂石,必要时可取出全部砂石过滤层,彻底冲洗后再重新逐层放入滤罐内。

(四)施肥装置

每年灌溉季节结束时对铁制施肥罐(桶)的内壁进行检查,看是否有防腐蚀层局部脱落的现象,如果发现脱落要及时进行处理,杜绝因肥液腐蚀产生铁的化合物堵塞毛管滴头的现象。

(五)量测仪表

每年灌溉季节结束后,对首部枢纽安装的量测仪表(压力表、水表等)应进行检查、保养和调试。

(六)系统管网

应对管道进行定期冲洗,支管应根据供水质量情况进行冲洗。灌溉水质较差的情况下,毛管要经常进行冲洗,一般至少每月打开尾端的堵头,在正常工作压力下彻底冲洗一次,以减少滴灌带的堵塞。

二、入冬前维护

北方冬季寒冷,需在滴灌系统结束运行后,对滴灌系统进行全面的维护,以确保来年的正常运行。

(一)系统首部

1. 水源工程

当灌溉季节结束后,在寒冷地区应放掉蓄水池内存水,否则易冻坏蓄水池。

2. 水泵

在灌溉季节结束或冬季使用时,停泵后应打开泵壳下的放水塞把水放净,防止锈坏或冻坏水泵。

3. 过滤系统

(1)叠片式过滤器

先把各个叠片组清洗干净,然后用干布将塑壳内的密封圈擦干放回,开启集沙膛一端的丝堵,将膛中积存物排出,然后将水放净,再将过滤器压力表下的选择钮置于排气位置。

(2)砂石过滤器

打开过滤器罐的顶盖，检查砂石滤料的数量，并与罐体上的标识相比较，若数量不足需增加砂石以免影响过滤质量，捞出砂石滤料上的悬浮物，同时在每个罐内加入一包氯球，放置 30 min 后，每罐各反冲两次，每次 2 min，然后打开过滤器罐的盖子和罐体底部的排水阀将水全部排净。将过滤器压力表下的选择钮置于排气位置。若罐体表面或金属进水管路的金属镀层有损坏，立即清锈后重新喷涂。

(3)砂石过滤器＋叠片式过滤器

在重复(2)的基础上将叠片清洗干净并擦干壳内的密封圈。

(4)自动反冲洗过滤器

在反冲洗后将叠片彻底清洗干净后放回(必要时需用酸洗，例如用醋酸、草酸等)。

4. 施肥系统

在进行维护时，关闭水泵，开启与主管道相连的注肥口和驱动注肥系统的进水口，排去空气。

(1)注肥泵

用清水冲净注肥泵，按照相关说明拆开注肥泵，取出注肥泵驱动活塞，用润滑油进行正常的润滑保养，然后拭干各部件后重新组装好。

(2)注肥罐

仔细清洗罐内残液并晾干，清洗软管并置于罐体内保存。每年在施肥罐的顶盖及手柄螺纹处涂上防锈油，若罐体表面的金属镀层有损坏，则清锈后重新喷涂。并注意不要丢失各个连接部件。

(二)田间系统管网

入冬前需对整个系统进行清洗，打开若干轮灌组阀门(少于正常轮灌阀门数)，开启水泵，依次打开主管和支管的末端堵头，将管道内积攒的污物冲洗出去，然后把堵头装回，将毛管弯折封闭。北方用户需注意，在冬季来临前，为防止冬季严寒将管道冻坏，及时进行以下处理：

1. 田间阀门

把田间位于主支管道上的排水底阀(小球阀)打开，将管道内的水尽量排净，将各级阀门的手动开关置于开的位置，冬季不必关闭。

2. 滴灌带(管)

在田间将各条滴灌管线拉直，勿使其扭折，若冬季回收也注意勿使其扭曲放置。

3. 回收阀

应将所有球阀拆下晾干后放入库房或置于半开位置(包括过滤器上的球阀)，防止阀门被冻裂。

第四节　滴灌系统常见故障排除

一、滴灌系统首部的常见故障排除

滴灌系统首部出问题较多的是水泵，应在发现初期及时处理，以免影响滴灌系统的正常使用。针对系统首部各部分常见的故障，下面表 6-2 至表 6-5 列出主要故障现象、产生的原因及其排除方法。

(一)水泵

1. 潜水泵

表 6-2 滴灌系统潜水泵常见问题及排除方法

常见故障	可能产生的原因	排除方法
①水泵不出水或出水量不足	A. 电机没启动 B. 管路堵塞 C. 管路破裂 D. 滤水网堵死 E. 吸水口露出水面 F. 电泵反转 G. 泵壳密封环、叶轮磨损	A. 排除电路故障 B. 清除堵塞 C. 修复破裂处 D. 清除堵塞物 E. 机井供水不足，建议更换机井或洗井 F. 调换电源线，改变电机转向 G. 更换新密封环、叶轮
②电机不能启动并有嗡嗡声	A. 有一相断线 B. 轴瓦抱轴 C. 叶轮内有异物 D. 电压太低	A. 修复断线 B. 修复和更换轴 C. 清除异物 D. 调整电压
③电流过大和电流指针摆动	A. 电机导轴承磨损电机扫膛 B. 水泵轴瓦和轴配合太紧 C. 止推轴承磨损，叶轮盖板与密封环相磨 D. 轴弯曲、轴承不同心 E. 动水位下降到进水口端以下	A. 更换导轴承 B. 修复和更换水泵轴承 C. 更换止推轴承和推力盘 D. 制造缺点送厂检修 E. 关小阀门，降低流量或换井
④电机绕阻对地绝缘电阻低	A. 电机绕组及电缆接头电缆有损伤	A. 拆除旧绕组换新绕组，修补接头和电缆
⑤机组转动剧烈震动	A. 电机转子不平衡 B. 叶轮不平衡 C. 电机或泵轴弯曲 D. 有的连接螺栓松动	A. 水泵退回厂家处理 B. 水泵退回厂家处理 C. 水泵退回厂家处理 D. 自检修

2. 离心泵

表 6-3 滴灌系统离心泵常见问题及排除方法

常见故障	可能产生的原因	排除方法
①水泵不出水	A. 进出口阀门未打开，进出口管路堵塞，流道叶轮堵塞 B. 电机运行方向，电机缺相转速很慢 C. 吸入管漏气 D. 泵没灌满液体，泵腔内有空气 E. 进出口供水不足，吸程过高底阀漏水 F. 管路阻力过大，泵型不当	A. 检查除去阻塞物 B. 调正电机方向紧固电机接线 C. 拧紧密封面，排除漏气 D. 打开泵上盖或打开排气阀，排尽空气 E. 停机检查调正 F. 减少管路弯道，重新选泵

续表 6-3

常见故障	可能产生的原因	排除方法
②水泵流量不足	A. 先按①原因检查	A. 先按①排除
	B. 管道、泵叶轮流道部分阻塞，水垢沉积，阀开度不足	B. 去除阻塞物，重新调解阀门开度
	C. 电压偏低	C. 稳压
	D. 叶轮磨损	D. 更换叶轮
③功率过大	A. 超过额定流量使用	A. 调节流量，关小出口阀门
	B. 吸程过高	B. 降低吸程
	C. 泵轴承磨损	C. 更换轴承
④电机发热	A. 流量过大，超载运行	A. 关小出口阀
	B. 碰擦	B. 检查排除
	C. 电机轴承损坏	C. 更换轴承
	D. 电力不足	D. 稳压
⑤杂音、振动	A. 管路支撑不稳	A. 稳固管路
	B. 液体混有气体	B. 提高吸入压力排气
	C. 产生气蚀	C. 降低真空泵
	D. 轴承损坏	D. 更换轴承
	E. 电机超载发热运行	E. 按④调整
⑥水泵漏水	A. 机械密封磨损	A. 更换
	B. 泵体有砂孔或破裂	B. 焊补或更换
	C. 密封面不平整	C. 修整
	D. 安装螺栓松懈	D. 紧固
⑦压力上不去	A. 水泵堵塞	A. 停机清洗水泵，必要时用筛网将水泵罩住
	B. 管网球阀超开	B. 检查管网、关闭超开球阀
	C. 管网漏水泄压	C. 处理漏水球阀，更换漏水毛管

(二)过滤系统

表 6-4　滴灌过滤系统常见问题及排除方法

常见故障	可能产生的原因	排除方法
①离心式过滤器水头损失超过原压力差 0.035 MPa	A. 集沙罐集沙太多引起堵塞	A. 及时排出集沙罐泥沙
	B. 水流量偏小	B. 控制好通过过滤器的水流量
②砂石过滤器进出口间压力差超过原压力差 0.02 MPa	A. 水中的污物、泥沙堵塞空隙介质空隙	A. 加入适量的氯或酸，进行反冲洗
	B. 过水量不均匀	B. 定期去除过滤器上层受污染的介质并补充部分干净的介质
		C. 检查反冲洗时排出的杂质，适当增加反冲洗的时间
③网式过滤器进出口压力差超过 0.02 MPa	A. 灌溉水源比较混浊	A. 冲洗过滤器网芯
	B. 过滤器滤网堵塞	B. 冲洗过滤器金属壳内的污物

（三）施肥罐

表 6-5　滴灌系统施肥罐常见问题及排除方法

常见故障	可能产生的原因	排除方法
施肥罐进出水阀之间压力表相差远小于 0.05 MPa	A. 主管道阀门开启度过大 B. 肥料溶解不充分，堵塞罐体	A. 调整好施肥罐之间的球阀开启度 B. 对肥料进行充分溶解 C. 在轮灌小区滴水 1/3 时间后滴施肥料，在滴水结束前 30 min 停止施肥，冲洗管道

二、管网系统的常见故障排除

滴灌系统管网常见的故障一般通过滴灌带的各种状况体现，因此主要从滴灌带的常见故障进行排除（表 6-6）。

表 6-6　滴灌系统管网常见问题及排除方法

常见故障	可能产生的原因	排除方法
①压力不平衡 A. 第一条支管与最后一条支管压差＞0.04 MPa B. 毛管首端与末端压差＞0.02 MPa C. 首部枢纽进口与出口压差大，系统压力降低，全部滴头流量减少	A. 出地管阀的开启位置欠妥 B. 支（毛）管或连接部位漏水 C. 过滤器堵塞，机泵功率不够 D. 系统管网级数设计欠妥	A. 通过调整出地管闸阀开关位置至平衡 B. 检查管网并处理 C. 反冲洗过滤器，清洗过滤器排污、检修机泵或电源电压 D. 调整设计，每次滴水前调整各条支管的压力
②滴头流量不均匀，个别滴头流量减少	A. 系统压力过小 B. 水质不合要求，泥沙过大，毛管堵塞 C. 毛管过长，滴头堵塞，管道漏水	A. 调整系统压力 B. 滴水前或结束时冲洗管网 C. 冲洗管网，排除堵塞杂质，分段检查，更新管道或重新布置管道
③毛管漏水	A. 毛管有砂眼 B. 播种张力大，迷宫磨损变形 C. 放苗、除草时损伤	A. 酌情更换部分毛管 B. 播种机铺设毛管导向轮应呈 90°直角，且导向轮环转动灵活，各部分与毛管接触应顺畅无阻 C. 田管时注意保护毛管，避免损伤
④毛管边缝滋水或毛管爆裂	A. 压力过大，超压运行 B. 毛管制造时部分边缝没有粘牢	A. 调整压力，使毛管首端小于 0.1 MPa B. 更换毛管
⑤系统地面有积水	A. 毛管或管件部分漏水 B. 毛管流量选择与土质不相匹	A. 检查管网，更换受损部件 B. 测定土质成分与流量，分析原因，缩短灌水延续时间

第七章　滴灌工程项目建设招标、投标

滴灌工程建设项目是关系到社会公共利益、公共安全的基础设施建设项目。大部分项目资金来源属于国有投资或者国家融资，依据《中华人民共和国招投标法》《水利工程建设项目监理招标投标管理办法(水利部水建管〔2016〕587 号)》等相关要求，按照规定必须进行招投标，并且要公开招投标工作。滴灌工程建设项目的招标包括勘察、设计、施工、监理以及各种设备、管材的采购。本章只针对滴灌工程项目施工招投标进行介绍。

第一节　滴灌工程建设项目招投标程序

一、滴灌工程建设招标程序

当滴灌工程建设项目资金来源已经落实，设计单位设计文件、图纸能够满足招标要求，可以进行招标工作。招标程序如下：

(1)设立招标组织或委托招标代理人。招标人自己有招标资质时可以自己组织招投标，滴灌工程建设项目一般是委托有资质证书的招标代理组织代为办理招标事宜。

(2)办理招标备案手续，申报招标的有关文件。

(3)发布招标公告或者发出投标邀请书。公开招标的招标公告应该在指定媒介发布，通常在当地政府网以及水利厅局级网站发布，国家指定的媒介有《中国日报》《中国建设报》《中国采购与招标网》等。

(4)对投标资料进行审查。成立资格预审小组，对投标企业的资质进行审查，符合招标要求资质的企业方可领取标书，称为资格预审。也可后期在评标会议中，对投标文件资格证明材料进行审查，称为资格后审。

(5)分发招标文件和有关资料，收取投标保证金。招标文件发出后，招标人不得擅自变更其内容。确需进行必要的澄清、修改或补充的，应在招标文件要求提交投标文件截止时间至少 15 天前，书面通知所有获得招标文件的投标人。

投标保证金是投标人向招标人缴纳的一定数量的金钱，其目的是保证投标人对投标活动负责，但一旦缴纳和接受，对双方都有约束力。投标人未中标的，在定标发出中标通知书后，招标人原额退还其投标保证金；投标人中标的，在依中标通知书签订合同时，招标人原额退还其投标保证金。如投标人未按规定的时间要求递交投标文件；在投标有效期内撤回投标文件；经开标、评标获得中标后不与招标人订立合同，就会丧失投标保证金。如招标人收取投标保证金后，不按规定时间接收投标文件，在投标文件有效期内拒绝投标文件，中标人确定后不与中标人订立合同,则要双倍返还投标保证金。

投标保证金可采用现金、支票、银行汇票,也可以是银行出具的银行保函。

(6)组织投标人踏勘现场,对招标文件进行答疑。

(7)召开开标会议。开标应当在招标文件确定的提交投标文件截止时间的同一时间公开进行。

(8)组建评标组织进行评标。评标组织对投标文件审查、评议的主要内容包括:对投标文件进行符合性鉴定;对投标文件进行技术性评估;对投标文件进行商务性评估;对投标文件进行综合评价与比较。

(9)择优定标,发出中标通知书。经评标当场定标的,应当场宣布中标人;不能当场定标的中小型项目应在开标 7 日内定标;大型项目应在开标之后 14 天内定标。

(10)签订合同。招标人与中标人应当自中标通知书发出之日 30 日内,按照招标文件和中标人的投标文件正式签订书面合同。

履约保证金或履约保函是为约束招标人和中标人履行各自合同义务而设立的一种合同担保形式。

二、滴灌工程建设投标程序

滴灌工程建设投标一般程序,主要经历以下几个环节:

(1)向招标人申报资格审查,提供有关文件资料。

(2)购领招标文件和有关资料,缴纳投标保证金。

(3)组织投标班子,委托投标代理人。

(4)参加踏勘现场和投标预备会。

(5)编制、递送投标书。投标人编制和递交投标文件的步骤和要求为:

①结合现场踏勘和投标预备会的结果,进一步分析招标文件。重点研究投标须知、专用条款、设计图纸、工程范围以及工程量表等。

②校核招标文件中的工程量清单。

③根据工程类型编制施工规划或施工组织设计。

④根据工程价格构成进行工程估价,确定利润方针,计算和确定报价。

⑤形成、制作投标文件。

⑥递送投标文件。

(6)出席开标会议,参加评标期间的澄清会谈。

(7)接收中标通知书,签订合同,提供履约担保,分送合同副本。

第二节 滴灌工程建设投标文件的编制

一、滴灌工程建设投标文件内容组成

投标文件一般由投标函、投标函附录、投标保证金、法定代表人资格证明、授权委托书、

具有标价的工程量清单与报价表、辅助资料表、资格审查表(资格预审的不采用)、对招标文件中的合同协议条款内容的确认和响应、施工组织设计、招标文件规定提交的其他资料等内容组成。

二、滴灌工程建设投标文件编制步骤

(1)熟悉招标文件、图纸、资料。

(2)参加招标人施工现场介绍和答疑会。

(3)调查当地材料供应和价格情况。

(4)了解交通运输条件和有关事项。

(5)编制施工组织设计,复查、计算图纸工程量。

(6)编制或套用投标单价。

(7)计算取费标准或确定采用取费标准。

(8)计算投标造价。

(9)核对调整投标造价。

(10)确定投标报价。

三、投标文件评标原则

投标文件有下列情形之一的,在开标时将作为无效或作废的投标文件,不参加评标:

(1)投标文件未按规定标志、密封。

(2)未经法定代表人签署或未加盖投标人公章或未加盖法定代表人印鉴。

(3)未按规定的格式填写,内容不全或字迹模糊辨认不清。

(4)投标截止时间以后送达的投标文件。

第三节　滴灌工程工程量清单计价简介

滴灌工程根据 GB 50501—2007《水利工程工程量清单计价规范》进行投标报价。依据招标人在招标文件中提供的工程量清单计算投标报价。

一、工程量清单计价的投标报价构成

工程量清单计价应包括按招标文件规定完成工程量清单所列项目的全部费用,包括分类分项工程项目、措施项目和其他项目费。分类分项工程量清单计价应采用工程单价计价。分类分项工程量清单的工程单价,应按招标设计文件、图纸、附录中的“主要工作内容”确定,对有效工作量以外的超挖工作量、超填工作量、施工附加量,加工、运输损耗量等所消耗的人工、材料和机械费用,均应摊入相应有效工作量的工程单价之内。措施项目清单的金额,应根据招标文件的要求以及工程的施工方案或施工组织设计,以每一项措施项目为单位,按项计价。

分类分项工程量清单应包括序号、项目编号、项目名称、计量单位、工程数量、主要技术条款编码和备注。分类分项工程量清单应根据规范规定的项目编码、项目名称、主要项目特征、计量单位、工程量计算规则、主要工作内容和一些使用范围进行编制。

其他项目清单，暂列预留金一项，编制人根据招标工程具体情况进行补充。

零星工作项目清单，编制人应根据招标工程具体情况，对工程实施过程中可能发生的变更或新增加的零星项目，列出人工（按工种）、材料（按名称和规格型号）、机械（按名称和规格型号）的计量单位，并随工程量清单发至投标人。

二、工程量清单计价投标报价表

报价表范例参见表7-1至表7-10。

1.封面形式

表7-1 封面形式

工程量清单 合同编号：（招标项目合同编号） 投标人：（单位盖章） 投标单位法定代表人（或委托代理人）：（签字盖章） 造价工程师及注册证书：（签字盖执业专用章） 编制时间：

2.扉页形式

表7-2 扉页形式

投标总价 工程名称： 合同编号： 投标总价（小写） （大写） 投标人：（单位盖章） 法定代表人（或委托代理人）：（签字盖章） 编制时间：

3. 工程项目总价表

表 7-3　工程项目总价表

合同编号:(投标项目合同号)

工程名称:(投标项目名称)　　　　第　　页共　　页

序号	工程项目名称	金额(元)
1	一级×××项目	
2	一级×××项目	
⋮		
×××	措施项目	
×××	其他项目	
合计		

法定代表人(或委托代理人):(签字)

4. 单项工程费汇总表

表 7-4　单项工程费汇总表

合同编号:(投标项目合同号)

工程名称:(投标项目名称)　　　　第　　页共　　页

序号	项目编号	项目名称	计量单位	工程数量	单价(元)	合价(元)	主要技术条款编码
1		一级×××项目					
1.1		二级×××项目					
1.1.1		三级×××项目					
1.1.2							
⋮							
⋮		最末一级项目					
2		一级×××项目					
2.1		二级×××项目					
2.1.1		三级×××项目					
2.1.2							
⋮							
⋮		最末一级项目					
		合计					

法定代表人(或委托代理人):(签字)

5.措施项目清单计价表

表 7-5　措施项目清单计价表

合同编号:(投标项目合同号)

工程名称:(投标项目名称)　　　　第　　页共　　页

序号	项目名称	金额(元)
合计		

法定代表人(或委托代理人):(签字)

6.其他项目清单计价表

表 7-6　其他项目清单计价表

合同编号:(投标项目合同号)

工程名称:(投标项目名称)　　　　第　　页共　　页

序号	项目名称	金额(元)	备注
合计			

法定代表人(或委托代理人):(签字)

7.零星工作项目计价表

表 7-7　零星工作项目计价表

合同编号:(投标项目合同号)

工程名称:(投标项目名称)　　　　第　　页共　　页

序号	名称	型号规格	计量单位	单价(元)	备注
1	人工				
		……			
2	材料				
		……			
3	机械				
		……			

法定代表人(或委托代理人):(签字)

8. 工程单价汇总表

表 7-8　工程单价汇总表

合同编号：(投标项目合同号)

工程名称：(投标项目名称)　　　　第　　页共　　页

序号	项目编码	项目名称	计量单位	人工费	材料费	机械使用费	施工管理费	企业利润	税金	合计
1		建筑工程								
1.1		土方开挖工程								
1.1.1										
1.1.2										
⋮										
2		安装工程								
2.1		机电设备安装工程								
2.1.1										
2.1.2										
⋮										

法定代表人(或委托代理人)：(签字)

9. 工程单价费(税)率汇总表

表 7-9　工程单价费(税)率汇总表

合同编号：(投标项目合同号)

工程名称：(投标项目名称)　　　　第　　页共　　页

序号	工程类别	工程单价费(税)率(%)			备注
		施工管理费	企业利润	税金	
一	建筑工程				
⋮					
二	安装工程				
⋮					

法定代表人(或委托代理人)：(签字)

10. 工程单价计算表

表 7-10　工程单价计算表

×××工程：

单价编号：　　　　　　　　　　　　　　　定额单位：

施工方法：						
序号	名称	型号规格	计量单位	数量	单价(元)	合价(元)
1	直接费					
1.1	人工费					
⋮						
1.2	材料费					
⋮						
1.3	机械使用费					
⋮						
2	施工管理费					
3	企业利润					
4	税金					
	合计					
	单价					

法定代表人(或委托代理人)：(签字)

11. 其他表格

投标人生产电、风、水、砂石基础单价汇总表、投标人生产混凝土配合比材料费表、招标人供应材料价格汇总表、投标人自行采购主要材料预算价格汇总表、招标人提供施工机械台时(班)费汇总表、投标人自备施工机械台时(班)费汇总表。

第四节　常用滴灌工程评标办法及常用评标表

一、常用滴灌工程评标办法

目前滴灌工程施工常用的评标办法有综合评估法、合理低价法、随机抽取法。

(一)综合评估法

俗称“打分法”，把涉及的投标人各种资格资质、技术、商务以及服务的条款，都折算成一定的分数值，总分为 100 分。评标时，对投标人的每一项指标进行符合性审查、核对并给出分数值，最后汇总比较，取分数值最高者为中标人。评标时的各个评委独立打分，互相不商讨，最后汇总分数。

综合评估法优点为:比较容易制定具体项目的评标办法和评标标准;评标时,评委容易对照标准“打分”。综合评估法难点为:具体实施起来,评标办法和标准可能五花八门,很难统一与规范。在没有资格预审的招标中,容易由于资格资质条件设置的不合理,导致“歧视性”条款,造成不公,引起质疑和投诉。如果评分标准细化不足,则评标委员在打分时的“自由裁量权”容易过大。容易发生“最高价者中标”现象,引起对于政府采购和招标投标的质疑。

综合评估法工作要点:必须在招标文件中,事先列出需要考评的具体项目和指标以及分数值。按照有关法律法规来制定评标标准,不得擅自修改;比如,价格分占30%~60%的比例,不能改变超出范围。分数值的标准不宜太笼统,比如,不可以制定“价格分”为40分,而没有细则;要说明各投标人的具体分数值如何计算;还应细分每一项的指标,包括“技术分30分”包括哪些考核指标,如何计算给分或者扣分的标准办法。

(二)合理低价法

合理低价法评标就是项目业主通过招标选择承包人,在所有的投标人中报价的合理最低价者,即成为工程的中标人。这里“合理最低价”指应当能够满足招标文件的实质性要求,并且是经评审的投标价格最低,但投标价格低于企业自身成本的除外,评标价最低的投标价不一定是投标报价最低的投标价。评标价是一个以货币形式表现的衡量投标竞争力的定量指标,它除了考虑价格因素外,还综合考虑施工组织设计、质量、工期、承包人的以往施工经验及施工新技术的采用等因素。

我国《招标投标法》明确合理低价评审制度以及其全面推行,是由其自身的优点所决定的。首先是规范的建筑市场所要求的,与国际市场惯例接轨,最大限度地提供和实现投资效益,符合市场经济体制下微观主体追求利润最大化的经营目标;其次是合理适度增加投标的竞争性,有利于承包商不断改善经营管理、提高技术水平、加强成本核算、提升市场竞争力、提高资源配置效率。可见,合理低价法体现了业主的意愿,有效促进了施工企业加强自身管理,它既符合市场经济规律的发展要求,符合《招标投标法》的推行要求,也符合与国际惯例接轨的要求。

合理低价法的优点:符合市场经济体制下微观主体追求利润最大化的经营目标;合理适度地增加投标的竞争性,可为建设单位节约资金提高投资效益;有利于承包人不断改善经营管理,提高技术水平,加强成本核算,提升市场竞争力,提高资源配置效率;有助于建设领域相关管理机制的改革,真正形成权责分明的项目审批、实施监督、事后审计评价制度。

1.合理低价法难点

(1)招标人难以明确界定最低报价是否低于成本

项目的成本只有在竣工结算后才能很清楚地计算,评标中的评估由于要涉及投标人的施工技术、管理能力、材料采购渠道、财务状况等多方面因素,所以相对比较困难,而且在2013年国家或各地区的相关法规中对于如何确定招投标中“低于成本”的报价只有模糊的定义,并没有明确的评判标准,评标专家在实际操作中很难衡量和把握,许多地区在实际操作中也多是处于探索过程中,甚至有部分投标人就利用这一点趁机浑水摸鱼,给评标工作带来了很多麻烦。

(2)投标人如何报出“合理的低价”

自立法明确最低价评标法以来,国内迅速推行,特别在沿海地区,建设项目不论大小,复杂简单,一律采用合理低价法,由此造成招标人利用买方市场的优势恶意压价,施工单位为谋生存进行恶意竞争，屡屡报出“跳楼价”。业内人士认为其投标价格相对经评审标底平均下浮10%～15%是合理的，但是不少投标人为企业生存，降低幅度超过20%，甚至达30%，同时也招来众多业内人士的议论，以及提出疑问是由于项目投资预算评估存在问题，还是中标存在虚假，而导致两者存在如此巨大差额。

(3)中标人如何确保工程的质量，保障业主切身利益

有不少业主担心“便宜无好货”，由于工程管理人才缺乏造成施工管理力量薄弱，怕对施工单位以低价中标后偷工减料、粗制滥造等恶劣行为无法进行有力的监督与制约。低价中标的中标人还可能会采取低价中标高价索赔等手段来追加投资，致使工程项目的实际建设成本大幅攀升。另外，由于目前国内的法律及相关规章制度的不健全，如果投标人能力较弱，一旦发生纠纷，业主的赔偿得不到落实，切身利益受损。

2. 采用合理低价法建议

(1)严格资格预审程序

根据目前国内的法规、规章及有关规定，一般公开招标工程要进行资格预审。但在招标实际操作过程中，对于大型工程或技术复杂的工程，以及采用经评审的合理低价评标法的工程，严格资格预审程序尤为必要。通过资格预审可以真实了解投标申请人的企业素质、财务状况、技术力量、企业信誉以及有无类似的施工经验等情况，淘汰那些不能满足工程施工条件的投标申请人，减少招标人评标价段的工作时间和招投标活动的费用，尽可能排除将工程合同授予不合格投标人的风险，避免签约后无理索赔的发生，有效防止工程增加额外费用及互相扯皮的局面。

(2)评标专家评审成本时要考虑各种因素

在市场经济条件下，同一单位工程，在不同的施工现场条件下，不同的建设时期，不同的施工管理方法及不同的施工企业，会形成不同的工程成本，所以同一工程由不同的投标人参加报价，其最低报价不同也是理所当然的。只要其最低报价是根据自己企业的实际测算的工程成本加企业最低利润的收入和不可缺少的纳税额而形成的报价，则其最低报价就是合理报价。因此，评标专家在评审投标人工程成本时应转变评审理念，提高评审水平，评审时应充分考虑以下因素对投标人工程成本的影响：企业性质、企业不同的材料采购渠道、企业不同的自有机械设备情况，企业不同的管理水平。评标专家组在评审过程中综合这些因素后，根据不同企业分别确定不同的工程成本价，再与各自投标报价进行比较，低于自己成本价的作无效标处理，在剩余所有的有效标中选择最低价作为中标人，只有这样做才是真正的公平竞争，也是工程招标的本意。

(3)深化工程投资体制改革，实行项目法人负责制和质量终身负责制

项目法人负责制就是项目法人对建设项目的筹划、筹资，建设实施直至生产经营，归还贷款和债务以及资产的保值增值，实行全过程管理，承担投资风险的责任制度，它既强调权利又强调责任，是权力责任对等的制度，使项目法人清楚自己的责、权、利，在项目实施过程中积极维护出资人的利益。质量终身负责制是要求建设各方主体依法对建设工程在合理使用年限内质量负责的制度，要求各建设主体加强质量意识，强化责任和义务，在工程实施过程中严把质量关，以保证合理最低价中标后保质保期完成工程。这两种制度的实行是适合目前国内的建设市场发展的需要，也是满足廉政建设需要的一种手段。

(4)改善配套环境,建立工程风险转移体系

在我国建设市场长期处于买方市场的客观条件下,施工企业承担工程施工阶段技术、经济、合同履行等必然风险外,还要承担我国不成熟市场经济环境下承包人被动地位所带来的各种人为风险,诸如业主要求垫资,拖欠工程款,施工单位之间盲目竞争互相压价等。而采用合理最低价中标的工程利润微薄,大大降低了承包人抵御风险的能力,导致承包人违约问题屡屡发生,工程质量得不到保障。为了规避因合理最低价中标带来的各种风险,应建立配套的工程担保与工程保险机制。

(三)随机抽取法

随机抽取法是指招标人或招标代理机构,将包括工程合理价为主要内容的招标文件发售给潜在投标人,潜在投标人响应并参加投标,评标委员会对投标文件进行合格性评审后,招标人采用随机抽取方式确定中标候选人的排名顺序的评标定标方法。滴灌工程项目较小时可以采用随机抽取法,各地在采用随机抽取法定标时一般有合同估价金额范围限制。

二、常用滴灌工程评标用表

综合评估法见表 7-11 至表 7-13;综合评估法和合理低价法见表 7-14 至表 7-16;合理低价法见表 7-17 至表 7-20;随机抽取法见表 7-21。

(一)综合评估法

表 7-11　施工招标评审用技术评分表

工程名称:　　　　　　　　　　　　标段名称:

评审项目及内容	投标人						
	A	B	C	……	……	……	……
技术评分 45 分							
一、施工组织设计 20 分							
1.内容完整性和编制水平 2 分 施工组织包含施工条件、施工导流(如需要)、料场的选择与开采(如需要)、主体工程施工、施工交通运输、施工工厂设施(如需要)、施工总布置、施工总进度、主要技术供应等章节,且内容完整、编制合理的,得 2 分,基本合理的,得 1 分,不合理的,得 0 分							
2.施工方案与技术措施 5 分 (1)工程特点及施工重点和难点分析准确、全面的,得 1 分,否则得 0~1 分; (2)施工程序、工艺符合工程实际和有关施工规程规范,且投入的设备和人力计划安排合理的,得 3 分,基本合理的,得 1 分,否则得 0~1 分; (3)各工序工作历时安排合理且有详细计算说明的,得 1 分,否则得 0~1 分							

第七章　滴灌工程项目建设招标、投标

续表 7-11

评审项目及内容	投标人						
	A	B	C	……	……	……	……
3.质量管理体系与措施 3 分 (1)质量保证体系健全、职责明确的,得 1 分,否则得 0～1 分; (2)工程所用原材料、中间产品、金属结构等检测的种类、数量符合相关规程规范的,得 1 分;否则得 0～1 分; (3)自设工地实验室或者委托符合要求的质量检测单位的,得 1 分,否则得 0～1 分							
4.安全管理体系与措施 3 分 (1)安全生产责任制健全、职责明确的,得 1 分,否则得 0～1 分; (2)安全管理资源配置合理、措施符合相关安全技术(操作)规程的,得 1 分,否则得0～1 分。 (3)配置的特种作业人员符合要求,具有相应上岗证书的,得 1 分,否则得 0～1 分							
5.环境保护管理体系与措施 2 分 环境保护管理资源配置合理、措施合理的,得 2 分,基本合理的,得 1 分,否则得 0～1 分							
6.工程进度计划与措施 1 分 工程施工流程、进度计划横道图(或者网络图)中关键线路以及措施合理的,得 1 分,否则得 0～1 分							
7.资源配备计划 4 分 (1)资金使用计划安排合理的,得 0.5 分,否则得 0 分; (2)劳动力安排计划合理且有计算说明的,得 1 分,否则得 0 分; (3)主要材料用量计划安排合理且有计算说明的,得 0.5 分,否则得 0 分; (4)主要施工机械设备使用计划合理且有计算说明的,得 2 分,基本合理的,得 1 分,否则得 0 分							

续表 7-11

评审项目及内容	投标人						
	A	B	C	……	……	……	……
二、项目管理机构 25 分							
1.项目经理的业绩 8 分 (1)担任过 3 个及以上、2 个、1 个类似工程项目经理(类似工程应在招标文件中界定,证明文件以中标通知书、合同文件、业主对其能胜任工作的评价为准,以下同),分别得 8 分、6 分、4 分; (2)没有担任过类似工程、但担任过其他水利工程项目经理的,得 1 分							
2.项目技术负责人任职资格与业绩 5 分 (1)具有高级职称,参与过类似工程施工的,得 5 分; (2)具有中级职称,参与过类似工程施工的,得 3 分; (3)具有中级及以上职称,只有其他工程施工经历的,得 1 分; (4)没有施工经历的,得 0 分							
3.其他主要人员配置情况 6 分 “五大员”(施工员、安全员、质检员、材料员、资料员)配备齐全的,得 6 分,否则得 0 分							
4.项目经理和技术负责人月驻工地时间 3 分 项目经理和技术负责人月驻工地时间不少于 22 天,保证服从工程施工需要,并有违约处罚(每少 1 天,愿按照日工资的 5 倍及以上受到处罚)承诺的,得 3 分,无承诺的,得 0 分							
5.不随意更换项目经理、技术负责人及“五大员”的承诺 3 分 有不随意更换项目经理、技术负责人及“五大员”的承诺,且有相应经济处罚措施的,得 3 分,否则得 0 分							

评委(签名): 年 月 日

表 7-12　施工招标评审用商务组报价评分表

工程名称：　　　　　　　　　　　　　标段名称：

评审项目及内容	投标人			
	A	B	C	……
报价部分 45 分				
一、投标总报价 32 分				
二、投标报价的完整性 1 分 投标报价是否按照招标文件要求编制，单价及总价承包项目是否遗漏，是否有详细的单价分析，计日工内容是否齐全。0～1 分				
三、投标报价的合理性 2 分				
1. 修正投标报价幅度≤7%时，得 1 分；修正幅度>7%时，得 0 分； 2. 无算术错误，得 1 分，否则得 0 分				
四、投标单价及总价承包项目报价的合理性 10 分				

评委签名：

商务组评委(签名)：　　年　　月　　日

表 7-13　评标委员会成员评分汇总表

工程名称：　　　　　　　　　　　　　标段名称：

投标人 / 评委	A					B					……				
	技术	技术平均得分	报价	信用评价	总得分	技术	技术平均得分	报价	信用评价	总得分	技术	技术平均得分	报价	信用评价	总得分
排名顺序															
全体评委签名															

注："技术平均得分"是指技术组评委对投标人技术评分的算术平均值，总得分保留小数点后两位，第三位小数四舍五入。

计算人(工作人员)：　　校核人(评委)：　　监督人员：　　　　年　　月　　日

(二)综合评估法和合理低价法

表 7-14　施工招标评审用商务组信用评分表

工程名称：　　　　　　　　　　　　　　　　　　　标段名称：

评审项目及内容	投标人			
	A	B	C	……
信用评价部分 10 分				
1.信用等级 4 分 ①经中国水利工程协会认定为 AAA 级的,得 4 分; ②经中国水利工程协会认定为 AA 级的,得 3 分; ③经中国水利工程协会认定为 A 级的,得 2 分; ④经中国水利工程协会认定为 BBB 级的,或者在我区无处于有效期内的一般不良行为记录的,得 1 分				
2.水利安全生产标准化等级 3 分 经水利部评定为一级的,得 3 分; 经省级水行政主管部门评定为二级的,得 2 分; 经省级水行政主管部门评定为三级的,得 1 分				
3.近三年是否有同类工程业绩 2 分 ①近三年(从投标截止日往前推算,以合同签订日期为准,下同)承接过类似工程,且单项合同额大于本招标工程评标基准价的(以合同文件为准,下同),并有证明文件(合同或者验收文件,下同)的,得 1 分,每多一项加 0.5 分,最多得 2 分; ②近三年承接过类似工程,且单项合同额小于本招标工程评标基准价的,且有证明文件的,得 0.5 分; ③近三年未承接过类似工程的得 0 分				
4.不拖欠农民工工资的承诺 1 分 有在该工程施工过程不拖欠农民工工资的承诺,且有违约愿按照拖欠的农民工工资的 5 倍及以上受到处罚的,得 1 分,否则得 0 分				
5.不良行为记录和处罚 −6 分 投标人有不良行为记录(仅限于一般不良行为记录)并受到水利部或者省(自治区)级水行政主管部门的处罚,投标截止后仍在处罚期限内的,一次扣 3 分(最多扣 6 分)				

商务组评委(签名)：　　　年　　　月　　　日

表 7-15　施工招标评审用投标总报价评分计算表

工程名称：　　　　　　　　　　　　　　　　标段名称：

计算经备案的招标控制价下浮值或者复合标底		各投标人报价		有效报价的算术平均值	评标基准价	偏差	各投标人得分	
经备案的招标控制价或者业主标底		A					A	
		B					B	
		C					C	
下浮率或者权重系数		……					……	
		……					……	
		……					……	
经备案的招标控制价下浮值或者复合标底		……					……	
		……					……	
		……					……	

注：1. 综合评分法：投标总报价与评标基准价相等得满分，投标总报价每低于评标基准价 1% 扣 1 分，基本分 15 分；每高于评标基准价 1% 扣 1.5 分，基本分 7 分，处于整数点之间的值以内插法计算。

2. 合理低价法：投标总报价与评标基准价相等得满分，投标总报价每低于评标基准价 1% 扣 2 分，基本分 35 分；每高于评标基准价 1% 扣 3 分，基本分 20 分，处于整数点之间的值以内插法计算。

计算人(工作人员)：　　校核人(评委)：　　商务组评委：　　　　年　　月　　日

表 7-16　施工招标评审用单价及总价承包项目评分计算表

工程名称：　　　　　　　　　　　　　　　　标段名称：

序号	招标工程量及合价						经备案的招标控制价下浮率或者权重系数	投标人有效报价的算术平均值	评标基准单价	投标人 A						投标人 B						投标人……					
	项目编码	项目名称	单位	招标文件中载明的工程量	经备案的招标控制价或者标底单价(元)	合计(元)				投标单价(元)	投标合价(元)	权重(%)	分摊分值	偏差	投标人A单价合理性得分	投标单价(元)	投标合价(元)	权重(%)	分摊分值	偏差	投标人B单价合理性得分	投标单价(元)	投标合价(元)	权重(%)	分摊分值	偏差	投标人……单价合理性得分
1																											
2																											
3																											
4																											
5																											
⋮																											
得分合计																											

注：权重系数或者经备案的招标控制价下浮率与开标时随机抽取的相同。

计算人(工作人员)：　　校核人(评委)：　　商务组评委：　　　　年　　月　　日

(三)合理低价法

表 7-17　施工招标评审用评委技术评分表

工程名称：　　　　　　　　　　　　　　　　标段名称：

评审项目及内容	投标人					
	A		B		……	
施工组织设计	评定结果：		评定结果：		评定结果：	
1.内容完整性和编制水平 ①施工条件；②施工导流(如需要)；③料场的选择与开采(如需要)；④主体工程施工；⑤施工交通运输；⑥施工工厂设施(如需要)；⑦施工总布置；⑧施工总进度；⑨主要技术供应	评定结果	①②③④⑤⑥⑦⑧⑨	评定结果	①②③④⑤⑥⑦⑧⑨	评定结果	①②③④⑤⑥⑦⑧⑨
2.施工方案与技术措施 ①工程特点及施工重点和难点分析；②施工程序、工艺符合工程实际和有关施工规程规范，且投入的设备和人力计划安排合理；③各工序工作历时安排合理且有详细计算说明	评定结果	①②③	评定结果	①②③	评定结果	①②③
3.质量管理体系与措施 ①质量保证体系健全、职责明确；②工程所用原材料、中间产品、金属结构等检测的种类、数量符合相关规程规范；③质量检测设备、数量满足要求	评定结果	①②③	评定结果	①②③	评定结果	①②③
4.安全管理体系与措施 ①安全生产责任制健全、职责明确；②安全管理资源配置合理、措施符合相关安全技术(操作)规程；③配置的特种作业人员符合要求，具有相应的上岗证书	评定结果	①②③	评定结果	①②③	评定结果	①②③
5.环境保护管理体系与措施 ①环境保护管理资源配置合理、措施合理	①		①		①	①
6.工程进度计划与措施 ①工程施工流程、进度计划横道图(或者网络图)中的关键线路以及措施合理	①		①		①	①
7.资源配备计划 ①劳动力安排计划合理且有计算说明；②主要材料用量计划安排合理且有计算说明；③主要施工机械设备使用计划合理且有计算说明	评定结果	①②③	评定结果	①②③	评定结果	①②③

注：1.“合格”在相应序号上打“√”。

2.各评审项目下的内容数均为单数，超过半数内容合格，则该项目判定结果为“合格”，否则为“不合格”。

3.“施工组织设计”1～7 项中的“合格”项超过半数，且第 2 项为“合格”，则总评为“合格”，否则为“不合格”。

评委(签名)：　　　年　　月　　日

表 7-18　施工招标评审用技术组技术合格性评审结果汇总表(合理低价法)

工程名称：　　　　　　　　　　　　　　标段名称：

评委	投标人			
	A	B	C	……
评审结果				
技术组评委签名：				

注:技术合格性评审的判定标准:超过半数评委对投标人技术评定结果为“合格”的,则该投标人的评审结果判定为“合格”。

监督人(签名)：　　年　　月　　日

表 7-19　施工招标评审用商务组报价评分表

工程名称：　　　　　　　　　　　　　　标段名称：

评审项目及内容	投标人			
	A	B	C	……
报价部分 90 分				
一、投标总报价 65 分				
二、投标报价的完整性 2 分 投标报价是否按照招标文件要求编制,单价及总价承包项目是否遗漏,是否有详细的单价分析,计日工内容是否齐全。0～2 分				
三、投标报价的合理性 3 分 1. 修正投标报价幅度≤7%时,得 1.5 分;修正幅度>7%时,得 0 分; 2. 无算术错误,得 1.5 分,否则得 0 分				
四、投标单价及总价承包项目报价的合理性 20 分				
评委签名：				

商务组评委(签名)：　　年　　月　　日

表 7-20　施工招标评审用评委会评分汇总表

工程名称：　　　　　　　　　　　　　　　标段名称：

评分因素	投标人							
	A	B	C	……	……	……	……	……
技术合格性评审								
投标报价评分(90 分)								
信用评分(10 分)								
总得分(投标报价评分＋信用评分)								
排序								
全体评委签名：								

注：总得分保留小数点后两位，第三位小数四舍五入。

计算人(工作人员)：　　　校核人(评委)：　　　监督人员：　　　　　　　　年　　月　　日

(四)随机抽取法

表 7-21　施工招标评审用随机抽取结果记录表

工程名称：

排序	标段：	…
	投标人：	…
第一中标候选人		
第二中标候选人		
第三中标候选人		

招标人代表(签名)：　　　　　　　　监督人员(签名)：　　　　　　年　　月　　日

第八章　滴灌工程项目验收

滴灌工程属于水利水电工程中节水灌溉工程的微灌工程，滴灌工程验收应参照《节水灌溉工程验收规范》(GB/T 50769—2012)、《水利水电工程施工质量检验与评定规程》(SL 176—2007)、《水利水电建设工程验收规程》(SL 223—2008)等相关标准进行。

第一节　滴灌工程验收术语及项目划分

一、滴灌工程验收术语

(一)建设单位验收

建设单位或其委托的监理单位在滴灌工程建设过程中组织开展的验收，主要包括分部工程验收、单位工程验收、完工验收。这些验收是竣工验收的基础。建设单位验收，应由建设单位或其委托的监理单位主持。

(二)单元工程

在分部工程中由几个工序(或工种)施工完成的最小综合体，是日常质量考核的基本单元。

(三)分部工程

在一个建筑物内能组合发挥一种功能的建筑安装工程，是组成单位工程的部分。

(四)单位工程

具有独立发挥作用或独立施工的建筑物及设施。

(五)完工验收

建设单位对滴灌工程按施工合同约定的建设内容组织开展的工程验收。

(六)竣工验收

在工程建设项目完成并运行一个灌溉周期，由竣工验收主持单位组织的工程验收。中央投资或中央部分投资项目，应由省级主管部门或其委托的县级以上主管部门主持；地方投资项目，应由地方主管部门主持。

(七)项目验收

根据相关项目管理办法要求，对项目建设情况进行全面评价，由项目验收主持单位组织的验收。中央投资或中央部分投资项目，宜由省级主管部门主持；地方投资项目，应由地方主管部门主持。

二、项目划分

滴灌工程项目划分由项目法人组织监理、设计及施工等单位进行工程项目划分，并确定主要单位工程、主要分部工程、重要隐蔽单元工程和关键部位单元工程。项目法人在主体工程开工前应将项目划分表及说明书面报相应工程质量监督机构确认。

工程实施过程中，需对单位工程、主要分部工程、重要隐蔽单元工程和关键部位单元工程的项目划分进行调整时，项目法人应重新报送工程质量监督机构确认。

滴灌工程项目面积不大、涉及的乡（镇）不多时，应把每个滴灌系统作为一个单位工程；按照滴灌系统的水源工程、首部枢纽工程、地下管网工程、地面管网工程划分分部工程。如滴灌工程项目面积大，涉及的乡（镇）较多时，可按滴灌项目的权属地每个乡（镇）或按标段划分单位工程；单位工程内按水源工程、首部枢纽工程、地下管网工程、地面管网工程等划分分部工程；相应每个系统的水源工程、首部枢纽工程、地下管网工程、地面管网工程等为单元工程。

第二节　滴灌工程验收主要内容

一、工序施工质量验收

单元工程按工序划分情况，分为划分工序单元工程和不划分工序单元工程。划分工序单元工程应先进行工序施工质量验收评定。在工序验收评定合格和施工项目实体质量检验合格的基础上，进行单元工程施工质量验收评定。不划分工序单元工程的施工质量验收评定，在单元工程中所包含的检验项目检验合格和施工项目实体质量检验合格的基础上进行。

工序和单元工程施工质量等各类项目的检验，应采用随机布点和监理工程师现场指定区位相结合的方式进行。检验方法及数量应符合相关标准的规定。

工序和单元工程施工质量验收评定表及其备查资料的制备由工程施工单位负责，其规格宜采用国际标准 A4(210 mm×297 mm)，验收评定表一式 4 份，备查资料一式 2 份。其中验收评定表及备查资料一份应由监理单位保存，其余应由施工单位保存。

《水利水电工程施工质量评定表》是检验与评定施工质量的基础资料，也是进行工程维修和事故处理的重要参考。《评定表》归档长期保存，填写作如下基本规定：

(1)《评定表》应使用蓝色或黑色墨水钢笔填写，不得使用圆珠笔、铅笔填写。

(2)数字和单位。数字使用阿拉伯数字(1、2、3、…、9、0)。单位使用国家法定计量单位，并以规定的符号表示(如 MPa、m、t 等)。

(3)合格率。用百分数表示，小数点后保留一位。如恰为整数，则小数点后以 0 表示。例：95.0%。

(4)改错。将错误用斜线画掉，再在其右上方填写正确的文字(或数字)，禁止使用改正液、贴纸重写、橡皮擦、刀片刮或用墨水涂黑等方法。

(5)表头填写：

①单位工程、分部工程名称，按项目划分确定的名称填写。

②单元工程名称、部位：填写该单元工程名称（中文名称或编号），部位可用桩号、高程等表示。

③施工单位：填写与项目法人（建设单位）签订承包合同的施工单位全称。

④单元工程量：填写本单元主要工程量。

⑤检验（评定）日期：年——填写4位数，月——填写实际月份（1～12月），日——填写实际日期（1～31日）。

(6)质量标准中，凡有"符合设计要求"者，应注明设计具体要求（如内容较多，可附页说明）；凡有"符合规范要求"者，应标出所执行的规范名称及编号。

(7)《评定表》中列出的某些项目，如实际工程无该项内容，应在相应检验栏用斜线"/"表示。

(一)工序施工质量验收评定的主要要求

(1)工序施工质量验收评定应具备以下条件：

①工序中所有施工项目（或施工内容）已完成，现场具备验收条件；

②工序中所包含的施工质量检验项目经施工单位自检全部合格。

(2)工序施工质量验收评定应按以下程序进行：

①施工单位应首先对已经完成的工序施工质量按本标准进行自检，并做好检验记录；

②施工单位自检合格后，应填写工序施工质量验收评定表，质量责任人履行相应签认手续后，向监理单位申请复核；

③监理单位收到申请后，应在4 h内进行复核。复核内容包括：

A. 检查施工单位报验资料是否真实、齐全；

B. 结合平行检测和跟踪检测结果等，复核工序施工质量检验项目是否符合本标准的要求；

C. 在施工单位提交的工序施工质量验收评定表中填写复核记录，并签署工序施工质量评定意见，核定工序施工质量等级，相关责任人履行相应签认手续。

(3)工序施工质量验收评定应包括下列资料：

①施工单位报验时，应提交下列资料：

A. 各班、组的初检记录、施工队复检记录、施工单位专职质检员终验记录；

B. 工序中各施工质量检验项目的检验资料；

C. 施工单位自检完成后，填写的工序施工质量验收评定表。

②监理单位应提交下列资料：

A. 监理单位对工序中施工质量检验项目的平行检测资料（包括跟踪检测）；

B. 监理工程师签署质量复核意见的工序施工质量验收评定表。

(4)工序施工质量评定分为合格和优良两个等级，其标准如下：

①合格等级标准。

A. 主控项目，检验结果应全部符合本标准的要求；

B. 一般项目，逐项应有70%及以上的检验点合格，且不合格点不应集中；对于河道疏浚工程，逐项应有90%及以上的检验点合格，且不合格点不应集中。

C. 各项报验资料应符合本标准要求。

②优良等级标准。

A. 主控项目，检验结果应全部符合本标准的要求；

B. 一般项目，逐项应有 90%及以上的检验点合格，且不合格点不应集中；对于河道疏浚工程，逐项应有 95%及以上的检验点合格，且不合格点不应集中；

C. 各项报验资料应符合本标准要求。

(二)工序施工质量验收评定表

工序施工质量验收评定表见表 8-1。

表 8-1 工序施工质量验收评定表

<table>
<tr><td colspan="2">单位工程名称</td><td colspan="2"></td><td>工序编号</td><td colspan="2"></td></tr>
<tr><td colspan="2">分部工程名称</td><td colspan="2"></td><td>施工单位</td><td colspan="2"></td></tr>
<tr><td colspan="2">单元工程名称、部位</td><td colspan="2"></td><td>施工日期</td><td colspan="2"></td></tr>
<tr><td colspan="2">项次</td><td>检验项目</td><td>质量标准</td><td>检查(测)记录</td><td>合格数</td><td>合格率</td></tr>
<tr><td rowspan="3">主控项目</td><td>1</td><td></td><td></td><td></td><td></td><td></td></tr>
<tr><td>2</td><td></td><td></td><td></td><td></td><td></td></tr>
<tr><td>⋮</td><td></td><td></td><td></td><td></td><td></td></tr>
<tr><td rowspan="3">一般项目</td><td>1</td><td></td><td></td><td></td><td></td><td></td></tr>
<tr><td>2</td><td></td><td></td><td></td><td></td><td></td></tr>
<tr><td>⋮</td><td></td><td></td><td></td><td></td><td></td></tr>
<tr><td colspan="2">施工单位自评意见</td><td colspan="5">主控项目检验点 100%合格，一般项目逐项检验点的合格率 %，且不合格点不应集中分布。
工序质量等级评定为：
(签字，加盖公章) 年 月 日</td></tr>
<tr><td colspan="2">监理单位复核意见</td><td colspan="5">经复核，主控项目检验点 100%合格，一般项目逐项检验点的合格率 %，且不合格点不集中分布。
工序质量等级评定为：
(签字，加盖公章) 年 月 日</td></tr>
</table>

二、单元工程验收

1.验收评定条件

单元工程施工质量验收评定应具备下列条件：

(1)单元工程所含工序(或所有施工项目)已完成，施工现场具备验收的条件；

(2)已完工序施工质量经验收评定全部合格，有关质量缺陷已处理完毕或有监理单位批准的处理意见。

2.验收评定程序

单元工程施工质量验收评定应按以下程序进行：

(1)施工单位应首先对已经完成的单元工程施工质量进行自检，并填写检验记录；

(2)施工单位自检合格后，应填写单元工程施工质量验收评定表，向监理单位申请复核；

(3)监理单位收到申报后，应在8 h内进行复核。复核内容包括：

①核查施工单位报验资料是否真实、齐全；

②对照施工图纸及施工技术要求，结合平行检测和跟踪检测结果等，复核单元工程质量是否达到本标准要求；

③检查已完单元遗留问题的处理情况，在施工单位提交的单元工程施工质量验收评定表中填写复核记录，并签署单元工程施工质量评定意见，评定单元工程施工质量等级，相关责任人履行相应签认手续；

④对验收中发现的问题提出处理意见。

3.验收评定资料

单元工程施工质量验收评定应包括下列资料

(1)施工单位申请验收时，应提交下列资料：

①单元工程中所含工序(或检验项目)验收评定的检验资料；

②各项实体检验项目的检验记录资料；

③施工单位自检完成后，填写的单元工程施工质量验收评定表。

(2)监理单位应提交的下列资料：

①监理单位对单元工程施工质量的平行检测资料；

②监理工程师签署质量复核意见的单元工程质量验收评定表。

4.划分工序验收评定等级

划分工序单元工程施工质量评定分为合格和优良两个等级，其标准如下：

(1)合格等级标准

①各工序施工质量验收评定应全部合格；

②各项报验资料应符合本标准要求。

(2)优良等级标准

①各工序施工质量验收评定应全部合格，其中优良工序应达到50%及以上，且主要工序应达到优良等级。

②各项报验资料应符合本标准要求。

5.不划分工序验收评定等级

不划分工序单元工程施工质量评定分为合格和优良两个等级，其标准如下：

(1)合格等级标准

①主控项目,检验结果应全部符合本标准的要求;

②一般项目,逐项应有70%及以上的检验点合格,且不合格点不应集中;

③各项报验资料应符合本标准要求。

(2)优良等级标准

①主控项目,验收结果应全部符合本标准的要求;

②一般项目,逐项应有90%及以上的检验点合格,且不合格点不应集中;

③各项报验资料应符合本标准要求。

6.单元工程施工质量验收评定表

单元工程施工质量验收评定表见表8-2至表8-6。

表8-2　单元工程施工质量验收评定表(划分工序)

单位工程名称		单元工程量	
分部工程名称		施工单位	
单元工程名称、部位		施工日期	
项次	工序编号	工序质量验收评定等级	
1			
2			
3			
⋮			
施工单位自评意见	主控项目检验结果全部符合验收评定标准,一般项目逐项检验点的合格率　%。 单元工程质量等级评定为: (签字,加盖公章)　　年　月　日		
监理单位复核意见	经抽查并查验相关检验报告和检验资料,各工序施工质量全部合格,其中优良工序占　%,且主要工序达到优良等级。 单元工程质量等级评定为: (签字,加盖公章)　　年　月　日		

注:1.对重要隐蔽单元工程和关键部位单元工程的施工质量验收评定应有设计、建设等单位的代表签字,具体要求应满足SL 176—2007规定。

2.本表所填"单元工程量"不作为施工单位工程量结算计算的依据。

表 8-3　单元工程施工质量验收评定表(不划分工序)

<table>
<tr><td colspan="2">单位工程名称</td><td></td><td colspan="2">单元工程量</td><td colspan="2"></td></tr>
<tr><td colspan="2">分部工程名称</td><td></td><td colspan="2">施工单位</td><td colspan="2"></td></tr>
<tr><td colspan="2">单元工程部位</td><td></td><td colspan="2">施工日期</td><td colspan="2"></td></tr>
<tr><td colspan="2">项次</td><td>检验项目</td><td>质量标准</td><td>检查(测)记录或备查资料名称</td><td>合格数</td><td>合格率</td></tr>
<tr><td rowspan="4">主控项目</td><td>1</td><td></td><td></td><td></td><td></td><td></td></tr>
<tr><td>2</td><td></td><td></td><td></td><td></td><td></td></tr>
<tr><td>3</td><td></td><td></td><td></td><td></td><td></td></tr>
<tr><td>⋮</td><td></td><td></td><td></td><td></td><td></td></tr>
<tr><td rowspan="4">一般项目</td><td>1</td><td></td><td></td><td></td><td></td><td></td></tr>
<tr><td>2</td><td></td><td></td><td></td><td></td><td></td></tr>
<tr><td>3</td><td></td><td></td><td></td><td></td><td></td></tr>
<tr><td>⋮</td><td></td><td></td><td></td><td></td><td></td></tr>
<tr><td colspan="2">施工单位自评意见</td><td colspan="5">主控项目检验点100％合格,一般项目逐项检验点的合格率　　％,且不合格点不应集中分布。

单元工程质量等级评定为:

(签字,加盖公章)　　　　年　　月　　日</td></tr>
<tr><td colspan="2">监理单位复核意见</td><td colspan="5">经抽查并查验相关检验报告和检验资料,主控项目检验点100％合格,一般项目逐项检验点的合格率　　％,且不合格点不应集中分布。

单元工程质量等级评定为:

(签字,加盖公章)　　　　年　　月　　日</td></tr>
</table>

注:1. 对关键部位单元工程和重要隐蔽单元工程的施工质量验收评定应有设计、建设等单位的代表签字,具体要求应满足 SL 176—2007 规定。

2. 本表所填"单元工程量"不作为施工单位工程量结算计算的依据。

表 8-4　×××单元工程安装质量验收评定表

<table>
<tr><td colspan="2">单位工程名称</td><td colspan="2"></td><td>单元工程量</td><td colspan="2"></td></tr>
<tr><td colspan="2">分部工程名称</td><td colspan="2"></td><td>安装单位</td><td colspan="2"></td></tr>
<tr><td colspan="2">单元工程名称、部位</td><td colspan="2"></td><td>评定日期</td><td colspan="2"></td></tr>
<tr><td rowspan="2">项次</td><td colspan="2" rowspan="2">项目</td><td colspan="2">主控项目(个)</td><td colspan="2">一般项目(个)</td></tr>
<tr><td>合格数</td><td>其中优良数</td><td>合格数</td><td>其中优良数</td></tr>
<tr><td>1</td><td colspan="2">×××部分安装</td><td></td><td></td><td></td><td></td></tr>
<tr><td>2</td><td colspan="2"></td><td></td><td></td><td></td><td></td></tr>
<tr><td>3</td><td colspan="2"></td><td></td><td></td><td></td><td></td></tr>
<tr><td>⋮</td><td colspan="2"></td><td></td><td></td><td></td><td></td></tr>
<tr><td colspan="2">试运行效果</td><td colspan="5">______质量标准(见表 8-5、表 8-6)</td></tr>
<tr><td colspan="2">安装单位自评意见</td><td colspan="5">各项试验和单元工程试运行符合要求,各项报验资料符合规定。检验项目全部合格。检验项目优良率为　　,其中主控项目优良率为　　,单元工程安装质量验收评定等级为　　。

(签字,加盖公章)　　年　　月　　日</td></tr>
<tr><td colspan="2">监理单位意见</td><td colspan="5">各项试验和单元工程试运行符合要求,各项报验资料符合规定。检验项目全部合格。检验项目优良率为　　,其中主控项目优良率为　　,单元工程安装质量验收评定等级为　　。

(签字,加盖公章)　　年　　月　　日</td></tr>
</table>

注:1. 主控项目和一般项目中的合格数指达到合格及其以上质量标准的项目个数。

2. 优良项目占全部项目百分率=(主控项目优良数+一般项目优良数)/检验项目总数×100%。

表 8-5　×××(部分)安装质量检查表

编号：　　　　　　　　　　　　　　　　　　日期：

<table>
<tr><td colspan="2">分部工程名称</td><td colspan="5"></td><td colspan="2">单元工程名称</td><td colspan="3"></td></tr>
<tr><td colspan="2">安装部位</td><td colspan="5"></td><td colspan="2">安装内容</td><td colspan="3"></td></tr>
<tr><td colspan="2">安装单位</td><td colspan="5"></td><td colspan="2">开/完工日期</td><td colspan="3"></td></tr>
<tr><td colspan="2" rowspan="2">项次</td><td rowspan="2">检验项目</td><td rowspan="2">允许偏差/mm</td><td colspan="4">实测值/mm</td><td rowspan="2">合格数</td><td rowspan="2">优良数</td><td rowspan="2">质量等级</td></tr>
<tr><td>1</td><td>2</td><td>3</td><td>……</td></tr>
<tr><td rowspan="3">主控项目</td><td>1</td><td></td><td></td><td></td><td></td><td></td><td></td><td></td><td></td><td></td></tr>
<tr><td>2</td><td></td><td></td><td></td><td></td><td></td><td></td><td></td><td></td><td></td></tr>
<tr><td>⋮</td><td></td><td></td><td></td><td></td><td></td><td></td><td></td><td></td><td></td></tr>
<tr><td rowspan="3">一般项目</td><td>1</td><td></td><td></td><td></td><td></td><td></td><td></td><td></td><td></td><td></td></tr>
<tr><td>2</td><td></td><td></td><td></td><td></td><td></td><td></td><td></td><td></td><td></td></tr>
<tr><td>⋮</td><td></td><td></td><td></td><td></td><td></td><td></td><td></td><td></td><td></td></tr>
<tr><td colspan="11">检查意见：</td></tr>
<tr><td colspan="11">主控项目共　　项,其中合格　　项,优良　　项,合格率　　,优良率　　%。
一般项目共　　项,其中合格　　项,优良　　项,合格率　　,优良率　　%。</td></tr>
</table>

测量人	年　月　日	安装单位评定人	年　月　日	监理工程师	年　月　日

表 8-6　×××试运行质量检查表

编号：　　　　　　　　　　　　　　　　　　　　　　日期：

<table>
<tr><td colspan="2">单位工程名称</td><td></td><td>分部工程名称</td><td></td><td>单元工程量</td><td></td></tr>
<tr><td colspan="2">单元工程名称、部位</td><td colspan="2"></td><td>试运行日期</td><td colspan="2">年　月　日</td></tr>
<tr><td>项次</td><td colspan="3">检验项目</td><td>质量标准</td><td>检测情况</td><td>结论</td></tr>
<tr><td></td><td colspan="2"></td><td></td><td></td><td></td><td></td></tr>
<tr><td></td><td colspan="2"></td><td></td><td></td><td></td><td></td></tr>
<tr><td></td><td colspan="2"></td><td></td><td></td><td></td><td></td></tr>
<tr><td></td><td colspan="2"></td><td></td><td></td><td></td><td></td></tr>
<tr><td></td><td colspan="2"></td><td></td><td></td><td></td><td></td></tr>
<tr><td>检查意见</td><td colspan="6"></td></tr>
<tr><td>检验人</td><td>年　月　日</td><td colspan="2">安装单位评定人</td><td>年　月　日</td><td>监理工程师</td><td>年　月　日</td></tr>
</table>

三、分部工程验收

分部工程验收由验收工作组负责。验收工作组长应由建设单位或其委托的监理单位代表担任。勘测、设计、监理、施工、主要材料设备供应等单位的代表参加，运行管理单位可根据具体情况决定是否参加。

1. 验收条件

分部工程验收应具备下列条件：

①所有单元工程已完成；

②已完成单元工程施工质量经评定全部合格，有质量缺陷已处理完毕或有监理机构的处理意见；

③已具备合同约定的其他条件。

分部工程具备验收条件时，施工单位应向建设单位提交验收申请报告，其内容包括申请验收范围、验收条件检查结果和建议验收时间等。建设单位应在收到验收申请报告之日起10个工作日内决定是否同意验收。

2. 验收内容

分部工程验收应包括下列主要内容：

①检查工程是否达到设计标准或合同约定标准的要求；

②确认分部工程的工程量；

③评定分部工程的质量等级；

④对验收中发现的问题提出处理意见。

3. 验收程序

分部工程验收应按下列程序进行：

(1)听取施工单位工程建设和单元工程质量评定的汇报；

(2)现场检查工程完成情况和工程质量；

(3)检查单元工程质量评定及相关资料；

(4)讨论并通过分部工程验收鉴定书。

建设单位应在分部工程验收通过后，将验收质量结论和相关资料报质量监督机构核备，质量监督机构应及时反馈核备意见。分部工程验收鉴定书的格式见表8-9。

表8-9　分部工程验收鉴定书(格式)

编号：

×××滴灌工程项目

×××分部工程验收鉴定书

单位工程名称：

分部工程名称：

施工单位：

×××分部工程验收工作组

年　　月　　日

验收鉴定书概括(包括验收依据、组织机构、验收过程)。

①开工完工日期;

②工程内容;

③施工过程及完成的主要工程量;

④质量事故及缺陷处理情况;

⑤拟验工程质量评定(包括单元工程、主要单元工程个数、合格率和优良率、施工单位自评结果、监理单位复核意见、分部工程质量等级评定意见);

⑥验收遗留问题及处理意见;

⑦验收结论;

⑧保留意见(保留意见人签字);

⑨分部工程验收组成员签字表;

⑩附件:验收遗留问题处理记录。

四、单位工程验收

单位工程验收由验收工作组负责。验收工作组长应由建设单位或其委托的监理单位代表担任。勘测、设计、监理、施工、主要材料设备供应、运行管理等单位代表参加。

1. 验收条件

单位工程验收应具备下列条件:

①所有分部工程已完成并验收合格;

②分部工程验收遗留问题均已处理完毕并通过验收;

③具有独立运行条件且运行时不影响其他工程正常施工的单位工程,经试运行达到设计及合同约定的要求;

④已具备合同约定的其他条件。

单位工程具备验收条件时,施工单位应向建设单位提交验收申请报告,其内容包括申请验收范围、验收条件检查结果和建议验收时间等。建设单位应在收到验收申请报告之日起10个工作日内决定是否同意验收。

2. 验收内容

单位工程验收应包括下列主要内容:

①检查工程是否按照批准的设计内容和合同要求完成;

②检查分部工程验收遗留问题处理情况及相关记录;

③评定工程施工质量等级,对工程质量缺陷提出处理要求;

④确认单位工程的工程量;

⑤对验收中发现的问题提出处理意见。

3. 验收程序

单位工程验收应按下列程序进行:

(1)听取施工单位工程建设有关情况的汇报;

(2)现场检查工程完成情况和工程质量,以及具有独立运行条件的单位工程试运行情况;

(3)检查分部工程验收有关文件及相关资料；

(4)讨论并通过单位工程验收鉴定书。

建设单位应在单位工程验收通过后，将验收质量结论和相关资料报质量监督机构核定，质量监督机构应及时反馈核定意见。单位工程验收鉴定书的格式见表8-8。

表8-8　单位工程验收鉴定书(格式)

编号：

×××滴灌工程项目
×××单位工程验收鉴定书

×××单位工程验收工作组
年　　月　　日

建设单位：

设计单位：

施工单位：

监理单位：

质量监督单位：

运行管理单位：

验收主持单位：

验收时间：　　年　　月　　日
验收地点：

4.单位工程概括

包括验收依据、组织机构、验收过程。

(1)单位工程概括

①单位工程名称及位置；

②单位工程主要建设内容；

③单位工程建设过程(包括开工、完工时间，施工中采取的主要措施)。

(2)验收范围

(3)单位工程完成情况和完成的主要工程量

(4)单位工程质量评定

①分部工程质量评定；

②工程外观质量评定；

③工程质量检测情况；

④单位工程质量等级评定意见。

(5)单位工程验收遗留问题及处理意见

(6)意见和建议

(7)结论

(8)保留意见(应有本人签字)

(9)单位工程验收组成员签字表

五、完工验收

滴灌工程按照施工合同约定的建设内容完成后，应进行完工验收。

完工验收由验收工作组负责。验收工作组长应由建设单位或其委托的监理单位代表担任。勘测、设计、监理、施工、主要材料设备供应、运行管理等单位代表参加。

1.验收条件

完工验收具备下列条件：

①所有工程内容已完成；

②工程施工质量经评定全部合格，有关质量缺陷已处理完毕或有监理机构的处理意见；

③经试运行达到设计及合同约定的要求；

④已具备合同约定的其他条件。

滴灌工程具备完工验收条件时，施工单位应向建设单位提交验收申请报告，其内容包括申请验收范围、验收条件检查结果和建议验收时间等。建设单位应在收到验收申请报告之日起10个工作日内决定是否同意验收。

2.验收内容

完工验收应包括下列主要内容：

①检查工程是否达到设计标准或合同约定标准的要求；

②确认工程量；

③评定工程的质量等级；

④对验收中发现的问题提出处理意见。

3. 验收程序

完工验收应按下列程序进行：

①听取施工单位工程建设和工程质量评定的汇报；

②现场检查工程完成情况和工程质量；

③检查工程质量评定及相关资料；

④讨论并通过完工验收鉴定书。

建设单位应在单位工程验收通过后，将验收质量结论和相关资料报质量监督机构核定，质量监督机构应及时反馈核定意见。完工验收鉴定书的格式见表 8-9。

表 8-9　完工验收鉴定书(格式)

<table>
<tr><td>编号：

×××滴灌工程项目
×××完工验收鉴定书

×××完工验收工作组
年　月　日</td></tr>
<tr><td>建设单位：

设计单位：

施工单位：

监理单位：

质量监督单位：

运行管理单位：

验收主持单位：

验收时间：　年　月　日
验收地点：</td></tr>
</table>

4. 完工验收概括

包括验收依据、组织机构、验收过程。

(1)工程概括

①工程名称及位置；

②工程主要建设内容；

③工程建设过程(包括开工、完工时间，施工中采取的主要措施)。

(2)验收范围

(3)工程完成情况和完成的主要工程量

(4)工程质量评定

①工程质量评定；

②工程外观质量评定；

③工程质量检测情况；

④工程质量等级评定意见。

(5)工程验收遗留问题及处理意见

(6)意见和建议

(7)结论

(8)保留意见(应有本人签字)

(9)完工验收组成员签字表

六、竣工验收

竣工验收应在工程建设项目完成的 1 年内并经 1 个灌溉期的运行考验后进行。不能按期进行竣工验收的，经竣工验收主持单位同意，可适当延期，但最长不应超过 6 个月。

1. 验收条件

竣工验收应具备下列条件：

①工程符合设计要求，并通过建设单位验收；

②工程重大设计变更已经原审批机关批准；

③工程能正常运行；

④建设单位验收所发现的问题已基本处理完毕；

⑤已通过竣工决算审计，审计意见中提出的问题已整改并已提交了整改报告；

⑥运行管理单位已明确，管理制度已经建立，操作人员已经过必要培训；

⑦质量和安全监督工作报告已提交，工程质量达到合格标准；

⑧竣工验收准备工作已全部完成。

2. 验收内容

竣工验收准备由建设单位组织完成，内容包括：

①准备并检查竣工验收资料；

②核实工程数量；

③测定工程技术性能指标与参数；

④进行竣工决算审计；

⑤组织自查。

3.验收负责机构

竣工验收应由竣工验收委员会负责。

竣工验收委员会应由竣工验收主持单位、项目主管部门、有关地方人民政府和部门、质量监督机构、运行管理单位的代表及有关专家组成。委员会设主任委员1名，副主任委员及委员若干名，主任委员应由竣工验收主持单位代表担任。

建设单位、勘测、设计、监理、施工、主要材料设备供应和运行管理等单位应派代表参加竣工验收，负责解答竣工验收委员会提出的问题，并作为被验收单位代表在竣工验收鉴定书上签字。

4.验收程序

竣工验收会议应包括下列主要内容和程序：

①现场检查工程建设情况；

②查阅有关资料，观看工程建设的声像资料；

③听取建设单位的工作报告；

④听取验收委员会确定的其他报告；

⑤讨论并通过竣工验收鉴定书；

⑥验收委员会成员和被验收单位代表在竣工验收鉴定书上签字。

单位工程验收或完工验收质量全部达到合格以上等级的，同时工程外观质量得分率达到70％以上的，竣工验收的质量结论意见应为合格。

5.竣工验收申请报告

内容要求如下：

——工程基本情况

——竣工验收条件的检查结果

——尾工情况及安排意见

——验收准备工作情况

——建议验收时间、地点和参加单位

——附件：竣工验收工作报告

(1)前言

(2)工程概括

①工程名称及位置；

②工程主要建设内容；

③工程建设过程。

(3)工程项目完成情况

①完成工程量与批复工程量比较；

②工程验收情况；

③工程投资完成与审计情况；

④工程项目运行情况。

(4)工程项目质量评定

(5)建设单位自验遗留问题处理情况

(6)尾工情况及安排意见

(7)存在问题及处理意见

(8)结论

6. 验收鉴定书

(1)格式

竣工验收鉴定书格式见表 8-10。

表 8-10　×××滴灌工程竣工验收鉴定书

×××滴灌工程竣工验收鉴定书
×××滴灌工程竣工验收委员会 年　月　日

(2)内容

①前言(包括验收依据、组织机构、验收过程)

②工程设计与完成情况

A. 工程名称及位置

B. 工程主要任务与作用

C. 工程设计主要内容

——工程立项、设计批复文件

——设计标准、规模及主要技术经济指标

——建设内容与建设工期

——工程投资及投资来源

D. 工程建设有关单位

E. 工程施工过程

——工程开工、完工时间

——重大设计变更

F. 工程完成情况和完成的工程量

③建设单位验收情况

④历次验收提出主要问题的处理情况

⑤工程质量

A. 工程质量监督

B. 工程项目划分

C. 工程质量评定

⑥概算执行情况

A. 投资计划下达及资金到位情况

B. 投资完成情况

C. 预计未完工工程投资及预留情况

D. 竣工财务决算报告编制

E. 审计

⑦工程尾工安排

⑧工程运行管理情况

A. 管理机构、人员和经费情况

B. 工程移交

⑨工程初期运行及效益

A. 初期运行管理

B. 初期运行效益

C. 初期运行监测资料分析

⑩意见与建议

⑪结论

⑫保留意见(应有本人签字)

⑬验收委员会成员和被验收单位代表签字表

七、工程移交及遗留问题处理

(一)工程移交

建设单位与施工单位应在施工合同约定的时间内完成工程及其档案资料的交接。交接过程应有完整的文字记录且有双方交接负责人签字。

办理交接手续的同时,施工单位应向建设单位递交工程质量保修书,保修书的内容应符合施工合同约定的要求。

建设单位应在竣工验收鉴定书送达之日起的60个工作日内将工程移交给运行管理单位,并完成移交手续。

工程移交应包括工程实体、其他固定资产、设计文件和施工资料等,应按照有关批复文件进行逐项清点,并应有完整的文字记录和双方法定代表人签字。

(二)遗留问题处理

工程竣工验收后,验收遗留问题和尾工的处理应由建设单位负责。建设单位应按照竣工验收鉴定书、合同约定等要求,督促有关责任单位完成处理工作。建设单位已撤销的,应由组建或批准组建建设单位的单位或指定的单位完成。

验收遗留问题和尾工的处理完成后,有关责任单位应组织验收,并形成验收成果性文件。建设单位应参加验收并负责将验收成果性文件报竣工验收主持单位。

八、项目验收

1.验收条件

项目验收应具备下列条件:

(1)全部工程已通过竣工验收,竣工验收遗留问题已基本处理完毕;

(2)工程已移交运行管理单位,移交手续齐全;

(3)工程已投入正式运行并开始发挥效益。

2.验收内容

项目具备验收条件时,项目主管部门应按项目管理的有关规定组织项目验收,验收包括下列主要内容:

(1)评价建设内容完成情况;

(2)评价工程建设是否符合批复的设计文件要求;

(3)评价工程质量;

(4)评价工程投资完成情况及资金管理使用情况;

(5)评价工程运行、管理维护情况;

(6)评价项目实施效益;

(7)评价项目管理情况是否符合有关规定。

3.验收准备

项目验收准备应由建设单位或建设单位主管部门组织完成。按照项目批复文件和项目管理办法检查工程建设完成情况、资金落实与使用情况以及验收资料的完整性。检查审计意见中提出的问题是否已经整改完成。进行项目节水、增产、增效指标及生态环境、社会等效益的调查、统计及测算工作，并提出效益分析报告。

项目验收委员会可设主任委员1名，副主任委员及委员若干名，主任委员应由验收主持单位代表担任。项目验收委员应由项目验收主持单位、有关地方人民政府和部门、项目行政主管部门的代表及有关专家组成。

4. 验收程序

项目验收应包括下列主要内容和程序：

(1)现场检查工程建设情况、听取运行管理单位和用水户意见；

(2)查阅有关资料、观看工程建设声像资料；

(3)听取项目工作总结报告；

(4)听取项目效益分析报告；

(5)听取验收委员会确定的其他报告；

(6)讨论并通过项目验收意见、评定验收结果；

(7)验收委员会委员在项目验收意见书上签字。

第三节　滴灌工程验收提供的资料清单和验收备查资料清单

一、滴灌工程验收提供的资料清单

参见表8-11。

表8-11　滴灌工程验收资料清单

序号	资料名称	建设单位验收			竣工验收	项目验收	资料提供单位
		大中型工程		小型工程			
		分部工程	单位工程	完工验收			
1	工程建设管理工作报告				√	√	建设单位
2	工程建设监理工作报告		√	√	√	√	监理单位
3	工程设计工作报告		√	√	√	√	设计单位
4	工程施工管理工作报告		√	√	√	√	施工单位
5	工程质量评定报告				√	√	质量监督机构
6	运行管理工作报告				*	√	运行管理单位
7	效益分析报告				*	√	建设单位
8	工程建设大事记		√	√	√	√	建设单位
9	拟验收工程清单、未完成工程清单、未完成工程的建设安排及完成时间		√	√	√	√	建设单位
10	主管部门历次监督、检查及整改等的书面意见	√	√	√	√	√	建设单位

注：符号"√"表示"应提供"，符号"*"表示"宜提供"或"根据需要提供"。

二、滴灌工程验收备查资料清单

参见表8-12。

表8-12 滴灌工程验收备查资料清单

序号	资料名称	建设单位验收			竣工验收	项目验收	资料提供单位
		大中型工程		小型工程			
		分部工程	单位工程	完工验收			
1	前期工作文件及批复文件		√	√	√	√	建设单位
2	主管部门批复文件		√	√	√	√	建设单位
3	招投标文件	√	√	√	√	√	建设单位
4	合同文件	√	√	√	√	√	建设单位
5	工程项目划分资料	√	√	√	√	√	建设单位
6	单元工程质量评定资料	√	√	√	√	√	施工单位
7	分布工程质量评定资料		√		√	√	建设单位
8	单位工程质量评定资料		√		√	√	建设单位
9	工程外观质量评定资料		√	√	√	√	建设单位
10	工程质量管理有关文件	√	√	√	√	√	参建单位
11	工程施工质量检验文件	√	√	√	√	√	施工单位
12	工程监理资料	√	√	*	√	√	监理单位
13	施工图设计文件		√	√	√	√	设计单位
14	工程设计变更资料	√	√	√	√	√	设计单位
15	工程竣工图纸		√	√	√	√	施工单位
16	重要会议记录	√	√	√	√	√	建设单位
17	试压或试运行报告				√	√	参建单位
18	质量缺陷备案表	√	√	√	√	√	监理单位
19	质量事故资料	√	√	√	√	√	建设单位
20	竣工决算及审计资料				√	√	建设单位
21	工程建设中使用的技术标准	√	√	√	√	√	参建单位
22	其他档案资料	根据需要由有关单位提供					

注：符号“√”表示“应提供”，符号“*”表示“宜提供”或“根据需要提供”。

第九章　国内节水滴灌系统运行管理的现状及特点

近年来为缓解我国水资源供需矛盾，大力推广高效节水灌溉工程，因存在管护主体缺失、管护责任难以有效落实等问题，严重影响了工程后期管理与安全运行。国内节水滴灌工程普遍存在重建轻管的问题，为更好地规范滴灌系统的建设与运行管理，各地在工程建设的同时，明确产权主体，落实管护责任，以充分发挥滴灌工程的作用和效益。同时，各地区根据实际情况，在节水滴灌系统运行管理实施方面采用不同的管理模式，取得了很好的效果，主要表现为农牧团场滴灌运行管理模式、合作社滴灌管理模式、散户（家庭承包方式）滴灌运行管理模式、滴灌协会管理模式、"PPP"管理模式等。

第一节　兵团农牧团场滴灌运行管理模式

一、兵团农牧团场滴灌系统运行管理现状

管理的目的是提高农业综合生产能力，确保农业生产正常开展，切实提高滴灌的经济效益，增加职工收入，保证水资源合理充分利用，保障滴灌系统正常运行。农牧团场滴灌运行管理模式主要是以团场水管所专业经营管理的模式，团场成立的管理主体由水管所、生产科和连队人员组成。针对团场各单位不同特点，在作物生育期滴灌系统运行管理中，因时因地制宜，明确管理各项考核办法，考核结果与收入挂钩，明确责任主体，保证能够对作物适时、适量地均匀灌溉。专设考核上岗的一名懂技术、责任心强的人员负责首部的运行管理，并负责田间设备运行安全的检查工作，安排职工启闭阀门的时间。对泵房管理人员进行定期和不定期的检查，供水、施肥由首部人员与职工和单位主管领导共同监督实施，并制定相应的滴灌系统管理制度。必须做到一个坚持两个禁止：坚持按正确的轮灌制度进行灌水、滴肥药；禁止私开阀门，禁止非泵房管理人员操作电气和首部设备。

（一）人员组织机构及任务

团部主管农业领导牵头，由水管所、生产科和连队主要负责人组成管理机构，制定监督和管理办法。水管所负责灌溉技术指导与服务及灌溉设备调配、运行、维护、水费征收、滴灌工程资产管理等，并通过制定工程运行管理、考核制度等进行规范化服务，对滴灌系统运行实施统一泵站管理、统一技术标准、统一轮灌制度、统一滴水施肥施药、统一田间阀门控制、统一人员考核，保证滴灌工程工作程序化、制度化、标准化运行；生产科负责制定农业技术栽培模式、种植作物类型、种植面积等；连队人员负责执行具体工作。

(二)建立健全各项管理规章制度

要保持滴灌工程的正常运行,延长工程和设备的使用年限,根据滴灌系统所有权的性质,除了建立相应的经营管理机构,还需要建立健全各项管理规章制度,达到正确的使用和良好的管理,实行统一领导,分级管理或集中管理。管理包括组织管理、机泵管理、水源工程管理、用水管理、设备运行管理和维修保养管理等。为提高滴灌工程的管理水平,还应加强技术培训,明确工作职责和任务,建立健全各项规章制度,实行滴灌产业化管理,以下为某连队滴灌系统管理规章制度:

(1)滴灌运行管理工作。主要负责滴灌管理及各项滴灌制度的落实情况,尤其是滴灌过程中的水肥运筹、井房管理和田间管网的保护和维修,保证滴灌工作正常开展。

(2)井长是滴灌设备操作、维护、看护管理的责任人。接受统一领导,工资与工作考核挂钩,与管理面积及管辖效益结合。

(3)井长和滴灌用户共同对井房设施、地埋管道、闸阀井和阀门出地桩、三盘三通负有管护、监管责任,发现人为破坏,按市场价格及工费赔偿,情节严重者要承担相应刑事责任。

(4)严格执行"连队统一管理、相互保障运行"的管理体制,必须服从统一指挥,按照轮灌计划开关球阀,不得擅自增减。不服从者,进行罚款,并停止对其供水。

(5)田间阀门必须严格按照"先开后关"的原则,严禁"先关后开"引起管网压力突变对管网造成破坏。如对管网造成损坏,按谁损坏谁负责的原则进行赔偿。

(6)安装地面管材时,应注意各接头的密封工作,开启球阀后,职工应对自己滴灌地块进行巡查,对于力所能及的系统接头、三通、堵头等漏水现象要及时处理,确保无跑水现象发生。情况严重无法处理的应通知片区井长进行处理。视而不见,有意漏水,视为偷水,偷水者按此次用水水量的双倍承担责任。

(7)系统正常滴水时应坚守岗位,按时、按量、按轮灌次序进行灌水。在施肥阶段,负责肥料罐各部件的管理和看护、防盗,如因操作不当,人为造成损坏的由自己负责修复、赔偿。井长做好工作和灌水记录。必须爱护滴灌设施,对井房设施、地埋管道、地面管件、出地桩、三盘三通等,有看护的义务,发现破坏者按市场价及工费赔偿。

(8)为确保滴灌系统的正常运行,要严格按照膜下滴灌"七统一"要求,即:统一作物品种,统一种植模式,统一购肥施肥,统一化控,统一机耕,统一播种和统一滴水、滴肥。严格按照连队施肥方案科学合理施肥,提高肥料利用率。不得随意增减肥料投入量,若造成损失,自行负责。

(9)在系统运行期间,不能随意开关分干管上级管网闸阀,并制定相应惩罚条例。

(10)在系统运行期间,严格按照制定的轮灌次序和滴水时间认真执行,未经同意随意增加滴水时间也要进行罚款。

(11)租用滴灌管材的人员,除必须遵守以上运行制度外,对所租用的管材和公共滴灌设施部分,同样有维护保管的义务,若有损坏,照价及工费一并赔偿。

(12)缴纳的罚金统一上交,用于连队滴灌设施的维修和管护的支出。

二、目前团场滴灌运行管理中存在的主要问题

随着滴灌技术的大面积普及应用、新系统的研发与改进以及种植业结构的调整,在具体

应用中存在诸多困难和问题。滴灌工程点多、面广、管理难度大，部分泵房管理人员存在文化水平低、工作责任心不强，再加上滴灌系统的不断发展和新技术、新设备的运用，管理人员需要具备一定层次的文化知识和整体意识。部分滴灌工程建成后由于管理不善，不按科学灌溉，不按设计要求方式运行，造成不节水不增效现象，影响了滴灌系统效益的发挥。在作物生育期灌溉管理中这一点尤为突出。

(一)滴灌灌溉定额偏大

过量灌溉导致灌水周期加长，增加运行费用，并造成作物根系生长环境的破坏，造成作物旺长，叶面积系数过大而产量下降。

(二)未严格按照滴灌系统设计要求进行运行管理

有连队存在随意变更系统轮灌制度、不按照设计轮灌组的运行方式运行、更换毛管规格以及低压运行等现象，导致灌水不均、作物增产幅度不大、灌水水量的浪费和运行费用的增加。

三、不同滴灌系统模式的更新改造

1. 固定式滴灌

以支管＋辅管＋毛管，双支管＋毛管，支管＋毛管为例说明如下。

早期的滴灌工程建设，地下管网管径普遍偏小，分干管间距大，系统模式主要为支辅管模式，地面管直径主要为Φ75 mm、Φ63 mm，辅管直径为Φ40 mm、Φ32 mm，毛管最早连接为七通模式。经过使用与完善，原有的系统和连接方式存在很多不足，管网的布置发生了很大变化，管径也随之不同程度增大，主要体现在分干平行间距减小，主干、分干、地面管管网管径也相应增大，一部分支辅管模式被双支管模式替换，或者被支管模式替换，毛管连接逐步更新改造为目前的按扣三通、旁通模式，在有条件的情况下，毛管也进行单阀控制。

2. 移动式滴灌

在一些分散的小条田、小农户或电网不配套地区，为了更好地推广使用滴灌技术，移动式滴灌发挥了很好的优势。移动式滴灌是由移动式首部和管网组成，移动式首部是由柴油机作为动力机，配套水泵、过滤装置、施肥装置及可牵引机架组成的移动式机组；管网由输水主管、支管(辅管)、毛管组成，这种滴灌系统没有地埋管，一次性投资少，运行成本低。随着管理水平的提高，农牧团场也进行了大管径软管＋毛管在大田试验示范，得到了一定成效，也有用大口径软管输水＋小一级口径支管＋毛管模式的。

第二节　合作社滴灌管理模式

随着我国农村社会经济改革发展的不断深入，农村改革发展进入到一个新的历史阶段，为适应社会主义新农村建设和现代农业不断发展的需要，农民合作社这种新的经营组织形式应运而生。用现代的经营制度来管理农业，就需要有一个外在的组织形式保证经营制度的实施，这个组织形式的一个最好的载体，就是各种类型的合作社。

合作社是劳动群众自愿联合起来进行合作生产、合作经营所建立的一种合作组织形式。农民专业合作社是在农村家庭承包经营基础上，同类农产品的生产经营者或者同类农业生产经营服务的提供者、利用者，自愿联合、民主管理的互助性经济组织。农民专业合作社以其成员为主要服务对象，提供农业生产资料的购买，农产品的销售、加工、运输、贮藏以及与农业生产经营有关的技术、信息等服务。

为引导、促进和规范农民合作社的发展，2007 年国家颁布实施了《中华人民共和国农民专业合作社法》，国务院颁布实施了《农民专业合作社登记管理条例》。

2013 年的中央一号文件提出要积极发展现代农业，扎实推进社会主义新农村建设。以现代农业科学技术统领农业的发展，以现代农业物质装备武装农业，用现代的经营制度来管理农业。党的十八届三中全会决定中明确指出“鼓励农村发展合作经济，扶持发展规模化、专业化、现代化经营，允许财政项目资金直接投向符合条件的合作社，允许财政补助形成的资产转交合作社持有和管护，允许合作社开展信用合作。鼓励和引导工商资本到农村发展适合企业化经营的现代种养业，向农业输入现代生产要素和经营模式”。

2015 年中央一号文件提出允许农民以土地承包经营权入股合作社发展农业产业化经营，创新农村土地经营机制，提高农民组织化程度，增加农民财产性收入，推进农民合作社规范化建设，保护入社成员合法权益，以要素股份化、经营产业化、运作市场化为特征。

在保丰收、保稳定的基础上，为提升经济效益，以高效节水滴灌工程为载体，为农业服务的合作社应运而生。由政府和地方配套资金或企业、农户等多种形式投资建设，统一规划，通过土地流转试点项目配套先进的高效节水滴灌工程措施，进一步促进土地承包和流转。通过高效节水滴灌调整了农业种植结构，提高了水资源利用率，滴灌系统可以整合生产要素、控制生产成本、做到精细化管理，适合发展现代化精准农业。在土地经营和种植业方面衍生多种符合国家相关政策的合作社滴灌工程经营管理模式。

一、合作社经营管理模式分类

(一)按土地使用类型分类

按照使用土地方面的不同，常见的主要有以下四类：

1. 土地合作社模式

所谓土地合作社，就是在保持农村集体经济的基础上，农民自愿将土地入股合作社，按照股份制和合作制的基本原则，农民以承包地的经营权作为主要出资方式，将土地承包经营权转化为股权，合作社统一经营合作土地，并按照股份从土地经营收益中获得一定比例分红的土地合作经营形式。采用这种模式将更加容易使土地集约化，有利于滴灌工程的实施和管护。

特点：比如出租或者自营。农民由原来的自耕自种的“小地主”，转变为收取红利的“股东”，不再参与农业生产与经营。实施滴灌工程最大的优势节约劳动力，形象地说就是：“土地变股权，农民当股东，有地不种地，收益靠分红。”

土地合作社在我国目前的实践中还不是主流，一方面是因为大部分农业人口虽然不再从事农业生产，但依然把土地作为自己最后的保障，不放心把土地交给别人使用；另一方面，经营土地的方式方法需要进一步创新，不断提高土地的经济效益，以吸引更多的农户参与到土地合作社的运营中。以土地合作社模式取得收益影响和发展区域土地流转，更好地提高农民收入，最有效的途径就是实现高效节水灌溉，增加单位面积产值。

2. 土地“托儿所”模式

土地“托儿所”，也就是土地托管。没有精力和时间经营农业生产的农户，可以通过加入合作社，享受到合作社高效低廉的生产服务，比如耕地、播种、施肥、打药、浇水、收割等。如果仅仅购买一部分服务，就是“半托”式的合作社；如果全部托付给合作社打理，最后只管收获装在袋子里的粮食，这种就叫作“全托”式的合作社。土地托管的本质其实就是土地经营权还在农户手上，合作社为农户“打工”，挣的是服务费。

特点：土地托管比较适合当下的中国农业现状，农村里留下种地的大都是“老人”“小孩”，年轻力壮的都出去打工。但家里的地不能闲着，土地托管刚好解决了这一问题。采用这种模式的地区一般人均土地面积较小，比较贫瘠或是经济效益小，以至于专门从事农业的农民比较少，需要合作社提供土地托管的服务。土地托管虽然土地相对集中管理，但是由于土地产权属于农户个人，因此很难实施固定式滴灌系统，主要采用地面管形式的滴灌系统。

3. 类似于“家庭农场”模式

这类合作社不像传统意义上的合作社，它的特点是从政府或者村委会等机构手上，流转成千上万亩土地，理事长其实就是这一大片土地的“大地主”，但这个“大地主”不打算自己一个人经营，他想更多的人参与，他想干的不是家庭农场，而是合作社，于是再发动一些小的农户加入到他注册的合作社，雇佣一部分农业工人到自己的土地上工作，其他农户自己干自己的。这种一个人“一股独大”的合作社，其实是“异化”了的合作社，本质上来说它是一个家庭农场或者专业大户。

特点：这种合作社经营上具有较大的风险，几千亩上万亩的土地经营，任何一个小的决策失误都会造成巨大的风险，更何况农业本身就具有很大的风险。合作社本质来说是带动农户进入市场的平台，经营模式还需要更好的探索。

4. “生产在家，服务在社”模式

这类合作社是比较普遍意义上的合作社。同类农产品的生产者，比如种桃、种苹果、种水稻、种植棉花等的农户，通过滴灌模式种植的作物，作物品质相近，每户种植的面积相差不大，大家自己参与农业生产，都有着基本相同的服务需求。合作社把大家组织起来，为社员提供节水器材、农资、生产、加工、销售等一系列服务。大家“拧成一股绳，抱团闯市场”，对内实行民主管理，对外用一个声音说话，提高市场话语权。

特点：这类合作社是真正意义上的合作社，真正把弱者联合起来，合作社的经营目标是实现一个个小农户的集体利益，真正发挥出组织引领的模范带头作用，实现农业产业化产销一体化。

成立合作社，一是规范土地有序流转，加快了流转步伐，真正意义上加快高效节水灌溉工程建设及管护，为农业增产创造条件。一些农户家庭主要劳力外出务工经商，土地无人耕种，有的请人代耕，有的自行转包，有的甚至把土地让给别人，放弃经营权，因此引发不少矛盾和纠纷。合作社成立后，农户以土地经营权入社，把土地交给合作社统一组织对外发包，由合作社与承租户以合同契约的方式确定了租赁者与被租赁者的关系、权利和义务，依法维护了农民的土地承包经营权。

二是促进了农村劳动力转移，增加了农民收入。用农民的话说，合作社这种形式使他们“离乡不丢地，不种也收益”。农民外出务工经商，把土地交给合作社统一对外发包，农民有了稳定的土地租金收入，使大量的劳动力从土地的禁锢中解放出来，安心外出务工经商或就地转移从事二、三产业。

三是有利于促进农业结构调整，发挥规模效益。由于农民将土地租赁给大户集中连片经营，可以改变过去农户分散种植品种不统一，田间管理水平差异大的状况，实现规模化、集约化生产，降低生产成本，提高经济效益。大户经营更加注重质量标准，发展标准化、品牌化生产，提高了市场竞争力。同时，加快新品种、新技术推广应用，提升农业的科技含量，促进增产增收，实现承租户和转包户双赢。

(二)按种植模式分类

按种植业模式分类，常见有以下四类：

1.合作社＋农户

这类组织模式中，农户主要通过自己的合作社把产品销往市场，具有鲜明的"民办、民营、民受益"的特点。滴灌条件对特色农产品的品质起到了很好的提升，这种形式的合作社有利于把一家一户社员不能办或办不到的事由合作社协调集中办理，比如采购节水器材、农膜种子、机械等，降低生产管理成本方便社员；有利于充分发挥合作社组织协调和社员自主经营的积极性；有利于确保产品标准化生产、质量和品牌的统一。

2.合作社＋基地＋农户

这类模式合作社一般都有一定数量的生产基地，合作社通过生产基地，实现高效节水灌溉，指导农户生产，滴灌条件下种植的农产品越来越受到消费者或商家的青睐，并按标准收购或代销社员产品。这种合作社，有利于发挥区域化布局、专业化生产、规模化经营的现代农业优势；有利于新科学新技术的推广普及；有利于农产品的标准化生产和确保质量安全；在高效节水灌溉条件下农产品品质差别小，有利于增强优势特色农产品的整体竞争优势，实行"统一品种、统一标准生产、统一质量安全要求、统一品牌包装、统一产品销售经营、分户自主管理、按销售额和股金分红"的经营管理运行机制。

3.龙头企业＋合作社＋农户

这类合作社一般由农业产业化龙头企业发起，投资建设高效节水灌溉，企业占合作社股份的绝大部分，社员交纳一定数量的会费，以劳动或产品入股，有效地提升农业种植模式，提高种植结构，提升产品质量。合作社的法人代表多数由龙头企业负责人兼任。合作社架起了龙头企业与农民之间的桥梁，成了企业的生产车间。这种组织形式由于有龙头企业带动，产品销售渠道相对稳定，实施最低保护价收购、在市场价超过或低于最低保护价则按双方商定的比例分利或承担风险，或共同建立风险基金、实行合理的"利润返还"或"二次分配"等利益分配机制，达到龙头企业、合作组织和农户多赢的目的。增强诚信观念，规范合同(订单)，正确处理龙头企业、合作社和农户之间的利益分配关系，是确保龙头企业带动合作社发展的关键。

4.合作联社＋农户

这种组织模式由从事相关产业的不同合作社组成，形成产、加、销一体化经营的联合体，并在各环节上带动社员和农户。其特点是依托和利用集体资产、管理、协调的优势，围绕居住区功能转化、农技服务站的服务功能和农业生产基地的示范推广功能，充分发挥农业组织管理优势，引导和鼓励更多的农民加入到合作社中来，增强农民生产经营的组织化程度和多元增收能力。

(三)按荒山绿化管理模式分类

按荒山绿化管理模式分类,常见有以下四类:

荒山绿化最大的难题是水源的解决,近年来,各地各级政府采取多种方式,大力推进集体林权制度改革,加大投资力度,争取国家、省的资金扶持,进行工程划片绿化,配套节水灌溉措施,政府对划片绿化进行验收,探索出多种经营管理模式,起到了农民得实惠、生态环境受保护的良好效果。

1.大户承包、规模经营模式

政府通过实施一系列优惠政策,鼓励有实力的单位和个人承包荒山,实行大户承包,规模经营。承包后由政府及时核发林权证,大户所缴承包费少部分用于村集体公益事业,多数货币化均分到人。经营大户在依法取得集体林地承包权后,精心经营,科学开发,不但绿化了荒山、保护了林木资源,而且还发展了林下养殖、森林旅游等项目,收到了良好的生态效益、社会效益和经济效益。

2.股权制经营模式

对于由村集体统一经营管理的公益林,实行股权改制模式,林权证发给集体,村民发放股权证,一户一证,一人一股,林地所得收入少部分用于集体公益事业,大部分实行按股均分,以股权形式落实村民的初始承包权。

3.经济林家庭承包经营模式

对在非林业用地上栽植的经济树,实行家庭承包经营体制,为避免与农村集体土地使用证的冲突,只落实经营主体,不发放林权证书。

4.自留山、责任山经营模式

对于原始划定的自留山、责任山经营模式,存在交叉经营、插花经营甚至一树多户现象,对此,以稳定、完善为主,不打乱重来,林权证发给集体,原承包户继续经营。

二、农民专业合作社发展面临的问题

(一)对发展合作社认识不到位,机构不健全

部分领导干部对《农民专业合作社法》缺乏深入学习了解,对发展合作社心存疑虑,担心农民通过合作社形成利益集团,此外,乡(镇)、团场没有专门的管理和服务部门,对合作社的指导服务管理不到位,影响合作社的健康规范发展。

(二)管理不规范,重成立不重运作

虽然合作社制定了章程,并规定了民主选举、平等决策、制度约束和财务管理、合同约束、利益分配、资金积累和风险调节等机制,但由于受人员素质、资金、技术等因素制约,存在着起步晚,规范运作不完善,管理机制、运行机制不健全,政策扶持不足等问题。多数合作社只进行了表面的规范,没有按照农业部的要求进行从形式到内容的全面规范,存在运作和管理上的随意性,内部管理有待加强。

(三)缺乏技术、信息、经纪、产品营销方面的带头人

农民合作社需要一批懂技术、会管理、能获取市场信息、有开阔的市场路子和开拓精神的带头人为合作社的成员提供产前、产中、产后以及农产品的深加工、销售、运输等提供一系列服务。而目前农民合作社经营管理者队伍的素质相对较低,组织化程度不高,难以适应农

业合作社发展要求；多数合作社与农户是松散的买断、供应或契约关系，没有与社员结成紧密型的“利益共同体”。有些合作社还停留在鲜活农产品和初加工农产品的生产与销售上，科技含量低，经济附加值不高，与加工企业联系也不够紧密，社员不能从合作社获取更多的利益，制约了合作社的发展。

（四）合作社融资难，影响合作社的顺利发展

由于融资渠道狭窄，后续资金无从落实，季节性资金需求矛盾突出。又因为合作社固定资产产证不全，银行不予抵押贷款，只能通过“五户联保”、抵押合作社成员的个人房产、汽车、农业机械等资产来获得短期（通常为一年）银行贷款。商业银行基于合作社运行的不可预知性，出于自身资金安全原因，不愿意向合作社发放贷款，一些合作社普遍反映融资难、贷款难，影响合作社发展。

（五）合作社规范管理的问题

虽然合作社均制定了章程，并规定了民主选举、民主决策、制度约束和财务管理、合同约束、利益分配、资金积累和风险调节等机制，但由于人员素质、资金、技术等因素制约，规范运作不完善、管理机制、运行机制不健全、政策扶持不足等问题。存在运作和管理上的随意性，内部管理有待加强。

第三节　散户（家庭承包方式）滴灌运行管理模式

一、单家单户滴灌运行管理模式

单家单户滴灌系统比较单一，一般面积相对小，在百亩以下，种植作物单一，由自家单独铺设管网自建滴灌系统，滴灌设备、器材等均自行采购，一般安装简易过滤装置和施肥装置，单家单户滴灌系统主要水源采用井水或有足量蓄水量的池塘等，需要引水调蓄必须满足一次或多次轮灌灌水量。

目前单家单户滴灌发展较快，投资小，见效快，由农户自行管理、维护和运行。单家单户滴灌系统管理也存在不足，比如机械化程度低、种植技术落后、设备配套不完善。

二、多家联合滴灌运行管理模式

多家联合滴灌系统模式适合于地块相对集中，多家农户联合筹资建立一套滴灌系统，这种组建的滴灌模式往往在灌溉过程中还是坚持单家单户灌溉、施肥施药，只是首部和地下管网共用，设备采购、安装和运行管理费用由农户筹资，管理人员由户主成员轮流维护管理，推选主要负责人制定相关灌溉制度，费用根据面积大小分摊。

多家联合滴灌系统很好地解决了一些散户管理不善或外出务工无法管理的情况，也对促进土地流转提供了一个便利条件。

三、家庭农场滴灌运行管理模式

家庭农场或承包大户投资建设滴灌系统，这种模式根据滴灌面积大小雇工管理，管理方式由农工在作物整个生长期全程跟踪，农场主安排工人每天的田间工作，或者按照条田承包给农工负责管理，管理的好坏直接关系到农工的工资。这种滴灌系统的首部专设一名懂技术、责任心强的人员负责首部的运行管理，并负责田间设备运行安全的检查工作，安排条田农工启闭阀门的时间，制定岗位责任制，工程设施管理、维护保养。供水、施肥由首部人员与工人共同监督实施，并制定相应的滴灌系统管理制度。

这种模式极大提高了滴灌的管理水平，农工互相监督和竞争，有效地促进了管理难度，提升了种植管理水平。

第四节　滴灌协会管理模式

协会是指由个人、单个组织为达到某种目标，通过签署协议，自愿组成的团体或组织。协会是社会自治的、非营利性的组织。随着农民合作社的大力推广与应用，为规范滴灌系统运行管理存在的不足问题，滴灌协会也逐步在一些区域形成。

滴灌协会一般设会长、副会长以及协会执委委员，会员通过民主选举产生，协会成员严格遵守协会章程，建立与完善会员职业道德规范和执业准则，监督协会自律管理，协调协会内、外部关系，维护会员合法权益，促进协会健康发展。

滴灌协会一般以各村、连队以主管农业的副职为会长，泵房管理人员为副会长，灌区农户（负责启闭阀门）为成员组成的滴灌协会，全面负责本村、本连队滴灌工程的运行管理工作。各村滴灌系统运行管理在滴灌协会的统一指挥下，各负其责。

成立滴灌协会主要负责制定滴灌作物的施肥制度和栽培模式，做到统一标准、集中采供、统一销售、统一调拨、统一生产、统一旧带回收，统一运行管理，提高滴灌系统运行的整体水平。

第五节　PPP 管理模式

公私合营模式（public—private—partnership，PPP）是指政府与私人组织之间，为了合作建设城市基础设施项目，或是为了提供某种公共物品和服务，以特许权协议为基础，彼此之间形成一种伙伴式的合作关系，并通过签署合同来明确双方的权利和义务，以确保合作的顺利完成，最终使合作各方达到比预期单独行动更为有利的结果。

公私合营模式（PPP），以其政府参与全过程经营的特点受到国内外广泛关注。PPP 将部分政府责任以特许经营权方式转移给社会主体（企业），政府与社会主体建立起“利益共享、风险共担、全程合作”的共同体关系，政府的财政负担减轻，社会主体的投资风险减小。

长期以来，农田水利工程建设和管理由政府大包大揽，存在投入不足、设施不配套、管理不到位、机制不灵活等问题，市场投资主体“进不了”、也“不愿进入”农田水利工程建设领域，与当前全面深化经济体制改革、市场在资源配置中起决定性作用这一市场经济发展要求极不相适应，严重制约了农田水利发展与改革以及农业农村经济的可持续发展。

习近平总书记关于“节水优先、空间均衡、系统治理、两手发力”是新时期治水方针，为强化水治理、保障水安全指明了方向。2014年中央一号文件关于“开展农田水利设施产权制度改革和创新运行管护机制试点，落实小型水利工程管护主体、责任和经费”的决策部署，水利部会同财政部、国家发展委员会，在全国范围内开展农田水利设施产权制度改革和创新运行管护机制试点工作。2014年6月，汪洋副总理考察云南水利工程时，强调要创新水利建管机制，促进农业节约用水，并提出了“先建机制、后建工程”的水利改革总体要求，这是公益性较强的农田水利领域对PPP模式的的一次拓展。

按照新时期习近平总书记治水方针的总体要求，水利部、云南省省委省政府迅速贯彻落实汪洋副总理指示精神，启动了云南省曲靖市陆良县恨虎坝中型灌区创新建管机制改革试点。曲政复〔2014〕110号作出“关于陆良县恨虎坝中型灌区创新机制试点项目实施方案的批复”文件，试点项目的创新机制主要内容如下：

一、初始水权分配

初始水权分配，就是水权产权的界定。水权制度建立的关键是水权产权的清晰，没有这种权利的初始界定，就不存在权利转让和重新组合的市场交易，要使水权这一公共产权向私有产权转变，使水权具备条件可以真正进入市场进行交易，这一过程的关键在于水权的初始分配，通过水权初始分配，使水权得以清晰界定，实现产权的高效率运作。

二、农业水价改革

按照科学测算、群众参与、分类定价的原则，依据水价测算规程，测算终端水价，合理确定项目实施不同阶段的执行水价，考虑用水户承受能力、民资合理收益、种植结构、工程管护等因素。

三、节水激励约束机制

节水激励约束机制的建立有利于培养群众水商品意识和节约用水意识，促进水资源节约与保护，实行超定额累进加价制度，采取节水措施的用水户，按年度给予奖励，有奖有惩的机制体现了公平公正、权责对等的行政管理理念。

四、专业合作社的组建

合作社参与机制主要是通过发动群众积极参与组建用水合作社，将传统用水户协会社团组织转变为用水合作社经营性组织，使用水合作社在管理、运营、服务好工程的同时可拓展投资、技术服务、农产品统购统销等经营活动，赋予其更强的市场活力。

五、国有工程建设与运行管理体制

国有工程是指由政府财政资金投入建设的工程，建立国有工程管理机制的建立，进一步明晰国有工程产权和管理责任主体，将运行管理费用足额分摊到运行成本水价，从而形成过去政府全部出钱维护转变为少出钱、不出钱甚至盈余转变为节水奖励基金，从而保障国有工程的长效运行。

六、引入社会资本参与建设与管理机制

社会资本参与建设和运行的机制，即政府和社会资本合作的模式，其模式是政府为增强公共产品和服务供给能力、提高供给效率，通过特许经营、购买服务、股权合作等方式，与社会资本建立利益共享、风险分担及长期合作关系，探索比选最佳融资模式。按照“谁投资、谁受益、谁管护”的原则，明确其相应管护机制，实现群众、企业和政府三方共赢，积累可复制、可推广、可持续的经验。

开展政府和社会资本合作，有利于创新融资机制，拓展社会资本投资渠道，增强经济增长内生动力，推动各类资本相互融合、优势互补，促进投资主体多元化，发展混合所有制经济，加快政府职能转变，充分发挥市场配置资源的决定性作用。

农田水利领域对PPP模式的拓展，有助于提高农田水利基础设施建设资金的使用效率，避免形成政府独担风险的局面，有利于先进的工程技术以及管理技术在农田水利基础设施建设管理中推广，有利于调动农民参与农田水利建设的积极性。该模式在农田水利工程建设与管理方面还有可拓展、可优化、可探索的空间，开展群众全程参与试点项目建设管理，充分发挥群众选择权、参与权、监督权和评判权，全面建立试点项目建设群众参与、民主协商、自我管理新模式。

陆良县恨虎坝中型灌区创新机制试点项目资金通过各级政府、社会融资、群众自筹等三种途径进行筹措，政府投资部分包括取水枢纽、输水主管、支管、计量设施和附属建筑物属国有工程，社会融资和群众自筹部分用于田间工程建设，即高效节水灌溉工程。该项目是水利部确定的全国第一个规范性引入社会资本解决农田水利“最后一公里”问题的水利改革项目，是对习近平同志提出的“节水优先、空间均衡、系统治理、两手发力”治水思路水利工作方针的具体实现，对推进治水兴业具有重大深远的意义。

参考文献

[1] 李宗尧. 节水灌溉技术. 北京:中国水利水电出版社,2004

[2] 张志新,等. 滴灌工程规划设计原理与应用. 北京:中国水利水电出版社,2007

[3] 周长吉. 温室工程设计手册. 北京:中国农业出版社,2007

[4] 周长吉. 温室灌溉系统设备与应用. 北京:中国农业出版社,2003

[5] 喷灌工程设计手册编写组. 喷灌工程设计手册. 北京:水利电力出版社,1989

[6] 李代鑫. 最新农田水利工程规划设计手册. 北京:中国水利水电出版社,2006

[7] 周世锋. 喷灌工程技术. 郑州:黄河水利出版社,2011

[8] 周卫平,等. 微灌工程技术. 北京:中国水利水电出版社,2006

[9] 姚彬. 微灌工程技术. 郑州:黄河水利出版社,2012

[10] 傅琳,等. 微灌工程技术指南. 北京:水利电力出版社,1988

[11] 高峰. 节水灌溉规划. 郑州:黄河水利出版社,2012

[12] 董建安. 水工设计手册. 第 9 卷. 灌溉、排水. 北京:中国水利水电出版社,2014

[13] 赵旭升. 水利水电工程招标投标与标书编制. 北京:中国水利水电出版社,2010

[14] 全国一级建造师执业资格考试用书编写委员会. 水利水电工程管理与实务. 北京:中国建筑工业出版社,2016

[15] 张志新,等. 大田膜下滴灌技术及其应用. 北京:中国水利水电出版社,2012

[16] 李富先,等. 滴灌系统安装与管理. 北京:中国劳动社会保障出版社,2008

[17] 严以绥. 膜下滴灌系统规划设计与应用. 北京:中国农业出版社,2003

[18] 顾烈烽. 滴灌工程设计图集. 北京:中国水利水电出版社,2005

[19]窦以松. 二十一世纪最新节水灌溉技术标准应用指南(上册). 北京:中国水利水电出版社,2012

[20]刘超. 水泵及泵站. 北京:中国水利水电出版社,2009

[21]虎胆·吐马尔白地下水利用(第 4 版) 北京:中国水利水电出版社,2008

[22]农业部等 9 部门. 关于引导和促进农民合作社规范发展的意见[Z]. 农经发〔2014〕7 号

[23]水利部,国家发改委,民政部. 关于加强农民用水户协会建设的意见[Z]. 水农〔2005〕502 号

[24]水利部. 关于印发落实国务院关于实行最严格水资源管理制度的意见实施方案的通知[Z]. 水资源〔2012〕356 号

[25]国务院关于创新重点领域投融资机制鼓励社会投资的指导意见[Z]. 国发〔2014〕60 号

[26]国家发展和改革委员会、财政部、水利部关于鼓励和引导社会资本参与重大水利工程建设运营的实施意见[Z]. 发改农经〔2015〕488 号

[27]国家发改委、财政部、水利部、农业部关于印发深化农业水价综合改革试点方案的通知[Z]. 发改价格〔2014〕2271 号

[28]政府和社会资本合作模式操作指南(试行)[Z]. 财金〔2014〕113 号

[29] GB/T 50485—2009 微灌工程技术规范

[30] GB/T 50085—2007 喷灌工程技术规范

[31] GB/T 50268—2008 给水排水管道工程施工及验收规范和条文说明